共好，從當責開始

Accountability

「當責」培訓推薦講師

張宏裕——著

第四章
組織當責──建立當責文化，展現行動成果

第五章
共好的年代──分享、利他與合作

目錄

台灣未來—當責社會

　　我們社會如要更邁向新文明，建造者可能要有一個「當責」特別的靈光為磐石。但什麼叫「當責」？一個人若想有了不起的成就與貢獻，我建議不妨一讀與「盡最大責任」有關的牛津大學故事。故事說，在 1985 年，人們發現，牛津大學有著三百五十年歷史的大禮堂，出現了嚴重的安全問題。經檢查，大禮堂的二十根橫樑已風化腐朽，需立即更換。但每根橫樑當時皆由巨大橡木建造的，而為保持大禮堂三百五十的歷史風貌，必須只能用橡木更換。在 1985 年那個年代，要找到二十棵巨大的橡樹已很不容易，且每根橡木得花費至少二十五萬美元。這令牛津大學一籌莫展。這時，校園園藝所來報告，三百五十年前，大禮堂的建築師早已考慮到後人可能面臨的困境，當年就請

園藝工人在學校的土地上種植了一大批橡樹，如今，每棵橡樹的尺寸都已遠超過橫樑的需要。這真是一個讓人肅然起敬的消息！一名建築師三百五十年前就有的用心和遠見。

這樣一個故事能給我們什麼啟示呢？這樣的負責任會產生持續的力量，就叫「當責」吧！只會推卸責任的組織，絕不可能擁有高績效和執行力，企業及進步的組織更迫切需要的是勇於承擔全責的「當責（accountability）者」。當責者擁有一種能行使「one more ounce」（多加一盎司）的人格特質。作者張宏裕先生，他寫作這本書動機，緣起於有感世界又熱、又擠、又亂；唯有「利他、分享、合作」，才能「共好」。因此要勇於當責，工作中做到專業，樂在工作打造共好，均衡思維，愛在生活！作者確信：最壞的年代，只要有心，就有辦法！共好：人與己、人與人、人與環境、人與宇宙的良好關係。共好：「情、理、法」均衡。共好：兼顧各方得益，邁向世界新文明；作者倡議的共好發展，有七座山嶺要攀登，分別為：家庭、教育、環保、媒體、政治、經濟與科技。

想要共好，從當責做起。《當責》就是「做什麼、像什麼」；《動腦》雜誌，一九七七年創立，迄今已四十二年的公司文化。榮幸異曲同工，也強調：專注專注、捨易取難、竭力以赴、水流沖力，四項價值與行動認知。當責扮演好自己的角色，做到專業，創造價值。「當責」在工

作上多一點點，從多做、多看、多想、多聽、多問、多走動開始吧！

　　「但願使人有盼望的上帝，因信將諸般的喜樂、平安充滿你們的心，使你們藉著聖靈的能力大有盼望（羅馬書第十五章 13 節）。我們共同想像，共祈台灣未來，當責社會！

吳進生

台灣設計協會終生會員、
《動腦》雜誌發行人、
國際基甸台北第一支會會長

獻給，所有傳揚「真、善、美」價值的人！

　　負責是什麼？從前我們只知道做事負責的道理，但自「當責」概念引入台灣後，我們對於「責任」有更深一層的理解。「當責」範圍與深度遠超過負責，「當責」讓我們了解到做事不能單純地只要求自己把事情「做完」，而是更進一步地要求自己要把事情「做好」。甚至，應該要思考更多的可能性，才能讓事情獲得更好的成果。

　　張宏裕先生的新書《共好，從當責開始》，舉出許多實際案例，讓讀者更了解「當責」的內涵，以及如果確實

做到「當責」，必能獲得更加豐碩的成果。書中提到一個小婷的範例：小婷是一間日商的儲備幹部，在第一次升任店長的考核中，因為「負責態度不足」、「做事缺乏計畫」而落選，小婷的主管指出她最大的毛病是：只看的見眼前的問題，卻沒有想過背後的原因，所以找不到一勞永逸的解決方法。

看到這個案例，不禁讓我想起當年創立永慶房屋的初衷就是「先誠實，再成交」，我們不買房子、不賣房子，就是提供實實在在的資訊與服務。因為我們知道，房屋仲介的核心價值就是信賴，我們的責任是提供透明、真實且完整的資訊，讓消費者做出最適合的決定。

我們一路堅持解決消費者買賣屋過程的痛點，所以我們「當責」地率先全面公開成交行情，比政府的實價登錄早了六年；我們更投入大量的資源發展科技工具，提供消費者買賣屋的效率，不僅改變消費者的看屋行為，更帶動產業升級。同時，深入全台各地的永慶人，更「當責」地串聯成為一股「愛圓滿接力」的公益力量，積極回饋地方並幫助弱勢的朋友們。

因為永慶經紀人們對房仲這份工作的「當責」，讓永慶房屋深受消費者的信任，也讓我們可以很自豪地表示，我們不只是房仲，更是一群專業的房產顧問。我相信永慶人都深知「當責」的意義，我很推薦張宏裕先生的新作，

相信大家可以透過這本書，能夠更深入、完整地掌握「當責」的真諦，為自己的工作、家庭，更為我們的社會創造共好年代。

孫慶餘

永慶房產集團董事長

企業穩健
行走江湖的正道

在求新求變求快的社會氛圍中，「當責、自律」仍是企業穩健行走江湖的正道；而「共好」才是我們共同努力的目標。作者以十多年企業講師與管理實務所提出的深層觀點，值得我們細細咀嚼反思。

郭智輝

崇越集團董事長

只要有心，就有辦法！

　　鳳梨是大家喜歡的水果，偶會帶點酸甜口感，若是想要變甜蜜滋味，通常是要加點鹽巴，而不是添加糖份。

　　若把鳳梨的酸味比喻成人生的「辛酸」，把「努力工作」成就為生活中的鹽巴，在辛酸中加入努力後，就能「中和」生命中的無奈，也能平衡生活中的苦澀。

　　正如本書所述「共好，從當責開始」，以「利他、分享、合作」來產生「共好」；用「當責」來翻轉生命與工作中的酸甜苦辣，就能達到「共好」的甘甜滋味。

　　人生的美妙，誠如作者所言，在於「只要有心，就有辦法」！

戴勝益

王品集團與益品書屋創辦人

雖身在溝渠，
也要仰望星空！

　　三月驚蟄過後，春臨大地，萬物甦醒。我在中庭悠閒漫步，抬頭看著小葉欖仁換上新妝，清風拂面，思緒萬馬奔騰，精神為之振奮。畏寒的我，心中竊喜能迎到 2018 年的暖冬，心裡洋溢著小確幸。然 2019 年「穀雨」節氣過後，南台灣的四月天，竟出現了攝氏三十五度以上的高溫，跟盛夏沒什麼兩樣。我想起近年受到全球關注的暖化議題，不禁感嘆：世界已變得又熱、又擠、又亂。

　　緣於工作需要，我除了鑽研專業知識，更養成打開好奇眼、傾聽耳與同理心的習慣，關注社會周遭與全球新聞。日前一則新聞即帶給我極大震撼：

印度首都新德里一處垃圾掩埋場的高度已超過六十五公尺，面積約四十座足球場大，明年恐怕就會高過七十三公尺的知名古蹟泰姬瑪哈陵。印度當局已考量加裝航空警示標誌，避免經過的飛機撞上。

　　因 2005 年我曾去印度首都新德里出差兩週，至今對許多人事地物依舊印象深刻，故這則新聞的畫面特別讓我觸目驚心。另兩則聯合報刊載環境污染新聞，同樣令人心痛與擔憂：

　　交通製造的空污，導致全球每年有四百萬孩童氣喘，台灣排名全球第四。在台灣，每年每十萬名孩童中，就有四百二十例氣喘新發病例。

　　這不禁讓人聯想到近日「地球的肺」亞馬遜雨林的大火，也狂燒不停。在全球暖化、森林人為濫伐，乾旱與沙漠化的雙重衝擊之下，巴西今年火災超過七萬起，越來越頻繁，除空污的 PM2.5（空氣細懸浮微粒），恐導致肺癌與心臟病，很多動值物也被燒死或嗆死，大火也是對物種最殘忍的滅絕。

　　另一則新聞報導：全球河流逾六成驗出抗生素，嚴重污染甚至超標三百倍。這些抗生素經由廢水處理廠流入河川和土壤，將變種成為強大抗藥性的「超級病原體」，在 2050 年將可能導致一千萬人死亡。

　　環顧身處的社會，彷彿是一個最壞的年代：爭論議題不乏彼此惡意攻訐詆毀、見不得他人好；媒體充斥煽情八

卦、假新聞氾濫、網路罷凌、人際關係彈指間迅速崩解，原來「我們與惡的距離」 如此靠近。職場競爭充滿爾虞我詐、批評論斷、爭功諉過。

最壞的年代，只要有心，就有辦法！

當時序近端午，思及屈原在《離騷》：「路漫漫其修遠兮，吾將上下而求索」，雖然前方的道路還很漫長，但亦將百折不撓，不遺餘力地去追求和探索。在最壞的年代，世人總翹首盼英雄，大旱現雲霓。世界愈喧囂，愈需要專注。即便在最壞的年代，只要有心，問題就有解決的希望。近日兩則新聞頗振奮人心：

「Re-think」創辦人黃之揚，看見山林海洋之美，但也看見了環境之惡，諸如：台灣海岸四處可見的垃圾；海龜鼻子拉出駭人的吸管，痛苦流血；海岸沙灘驚人的廢棄垃圾。於是他推出了台灣第一本的《海廢圖鑑》，運用自己的行銷專長，倡導海洋生態環保議題。

希望大家不要只在每年六月八日「世界海洋日」才去淨灘，才去憐惜虎鯨與海龜吞食塑膠袋與吸管的問題，而是將時時關心海洋環境的觀念深植心中，原來我們和光明也可以如此靠近。

共好，從當責開始

另一則新聞：2019 年 4 月 10 日，人類史上拍到黑洞外圍的渾沌狀態，這是第一張超大質量 M87 星系中心的黑洞影像發表！來自全球超過六十個學術單位、二百多位科學家，共同參與「事件視界望遠鏡國際合作計畫」（event horizon telescope，簡稱 EHT），台灣有幸參與其中三座。

上述兩則新聞，都是「捨我其誰」的深心宏願，一位是想與大自然和諧共存，勇於反躬自省的「個人當責」代表；另一新聞則是兩百多位科學家的「團隊當責」的體現，唯有群策群力，方能創造不凡績效。

除此之外，還有一群設計師走入偏鄉，發掘台灣在之美，協助育成微型工藝及食農品牌；以及許多企業引導合作夥伴加入減碳行列都是「利他、分享、合作」，創造「共好」的案例。

共好，從當責開始！

共好：「情、理、法」均衡。

共好：兼顧利益關係人，邁向美麗新世界。

共好：人與己、人與人、人與環境、人與宇宙的良好關係。

當責（Accountability），望文生義，我喜歡解讀為「當仁不讓，責無旁貸」。還有下列諸多的衍生意涵：

當責：做什麼，像什麼，做到專業。

當責：反躬自省、反求諸己、停止抱怨。

當責：智慧決策，勇於承擔，交出成果。

主動積極、多做、多看、多聽、多問，是當責基本態度。「取法乎上，僅得乎中」，方法總比問題多，不找藉口找方法。更有許多公民團體秉持良知、自覺與創造力，默默付出與行善，大聲疾呼改變與行動，溫暖許多孤寂的靈魂。

思維不翻轉，結局就翻盤！

然而現實面：政治上有政黨之爭、經濟上有立場之爭、社會上有議題之爭、職場上有世代之爭、個人內心有天人之爭，此皆牽涉價值觀、立場與利害關係，該如何共好呢？

其一，共存共榮的均衡思維是必要的：

★批評論斷 vs. 反躬自省

★績效卓越 vs. 部屬滿意

★經濟發展 vs. 環保防制

★物質滿足 vs. 精神富足

★功成名就 vs. 回饋奉獻

★競爭拼搏 vs. 合作利他

其二，共好發展有七座山頭（silo）要攀登：家庭、教

共好，從當責開始

育、環保、媒體、政治、經濟、科技。

★家庭：重新挽回崩解的家庭倫理關係，齊家、治國，才能安天下。

★教育：除了知識技能傳授，還有生命教育、道德、法治與倫理的實踐。

★環保：大自然在哭泣，垃圾、空污已經成為殘害大自然之毒，人的貪欲該節制了！

★媒體：反思一味追求腥羶色的收視率掛帥？還是自律傳揚真善美？

★政治：聆聽內心良知的呼喚，誠信與操守是領導者最起碼的要求。

★經濟：一味施打短期特效藥？還是長期修補體質，經濟發展還是環保防制。

★科技：水能載舟亦能覆舟，科技來自人性也會毀滅人類，豈可不慎。

七座山頭看似各自為政，實則緊密相連，唇齒相依。

試舉「政治與經濟」兩座山頭相互影響的例子：

例如，政府預算來自人民納稅錢，政策接地氣固然重要，釋利多之餘也須謹守「財政紀律」。否則「羊毛出在羊身上」，

恐因規劃不足、短視近利，欲討好各方利益團體，造成各地「蚊子館」閒置、違法用地只能就地合法等事件頻傳。

再舉「媒體與家庭、教育」三座山頭相互影響的例子：

如果媒體推播的政策與內容，是將「利潤」、「收視點閱率」置於閱聽大眾的「利益」之上，那麼至終失控的媒體，是否會因「受歡迎而不受尊敬」而影響家庭與教育的價值觀呢？

推展共好，猶如變革，勢必困難重重，亟需當責作為驅動引擎。現今社會「受歡迎，卻不受尊敬」現象大行其道，扭曲的價值觀使許多人大走違法捷徑，亟欲快速成功。然推諉卸責、急功近利的結果，連基本的負責（Responsibility）都無法做到，更遑論「當責」。

共好是一種文化，始於當責。
當責是一種觀念，創造價值。
價值是一種堅守，終於共好。

《聖經》歌林多前書4-9所說：「因為我們成了一齣戲，給世人和天使觀看」。認清角色扮演以及向誰負責，才有辦法把戲演好，精彩謝幕。身為企業培訓講師、雖講授數百場「當責與共好」，我始終相信：人與大自然和諧共生、社會充滿愛與同理心，才能迎向共好。而改變世界的起點，就從當責開始！

張宏裕

第一章

思維不翻轉，結局就翻盤

世界又熱、又擠、又亂；
唯有「利他、分享、合作」，才能「共好」
打造 「聰明工作，健康生活，友愛環境」
共好，從當責做起 ！

學生準備好了，
老師自然出現！

在我的領地中，妳要一直拚命跑，
才能保持在同一個位置；
如果你想前進，就必須跑得比現在快兩倍才行！

——紅皇后《愛麗絲夢遊仙境》

日前看一則新聞敘述：大學生上課，無視於老師已經在台上授課，姍姍來遲，還自顧自地吃早餐或啃雞腿便當，老師也不敢管教。某名嘴也自嘲，自己受邀在學校演講也不受歡迎，學生當著面呼呼大睡，心裡不是滋味。

　　這新聞的確澆熄了身為講師「傳道、授業、解惑」的熱情。因此我再也不太敢受邀去學校演講，深怕無法賓主盡歡，好生尷尬；如又不能讓學生有所收穫，豈不誤人子弟。

　　2018 年 5 月 30 日戒慎恐懼，拗不過某國立大學盛情邀約，惶恐赴邀兩小時演講。講題為「活用故事力，表達行銷自己」。承辦老師熱情興奮告知，當天活動中心演講廳，已有五個班級一百八十多位同學報名參加。我心中反而忐忑不安，暗揣是學生自動報名還是被動參加呢？

　　進入階梯教室後，我觀察到幾乎所有學生都儘量往後擠，坐在後面幾排，彷彿前排有噴灑農藥，只有三位同學勇敢地坐在最前排。上台後我刻意示好，拉近距離：「各位同學辛苦了，在下午兩點來聽演講，根本就是挑戰人類體能的極限；因此大家累了可以睡覺，但是不可以打呼；因為一旦打呼，可能會吵醒隔壁的同學喔！」因此當天情況極為良好，只有八位同學趴著睡，未聞鼾聲。演講結束後有一位學生小莉（她就是坐在最前排的其中一位），羞澀走向講台與我攀談，並感謝內容獲益良多，讓我印象深

刻。過了兩天，收到一封來自學員的信。

宏裕老師 您好：

　　我是小莉，目前就讀於國立 xx 大學資訊管理學系三年級，在前天的演講上，從老師精彩的分享中受益良多，我也開始思考著：待我當上企業講師的那刻到來，我想用說故事的方式分享我的生命經歷，散播一顆希望與激勵的種子給青年學子，也非常謝謝演講結束後老師給予我的回饋，我最印象深刻的一句話是：老師說十四年前的您，生平第一次接受外派培訓，也是坐在台下的第一排專心聽講，因為熱情參與、積極投入，因而被當時的講師所發掘並鼓勵，而這一切並非偶然而是必然！

　　這段話帶給我很大的鼓勵，希望將來的自己也能像老師您一樣，成為一位優秀且帶領無數人希望的企業講師，再次謝謝老師！

學生小莉 敬上

　　身為企業培訓講師，雖歷經數百場講授經驗，大部分都是課堂學習後，曲終人散。但對於這封信，卻讓我倍感激勵與振奮。因為學生是未來的主人翁，我深感意義重大，

如能給予回饋，我很樂意，更何況她是如此謙遜向學，我回信如下：

小莉 早安

　　謝謝妳的回饋，當天妳坐在前排，謙遜向學並且課後提問，令我印象深刻。這對於講師也是莫大激勵。我深信一句話：「學生準備好了，老師自然出現」。因為當天妳最認真投入，所以妳感受到的收穫也最多。妳現在的氣質，蘊藏著妳聽過的話、想過的事、走過的路、讀過的書。相信多年以後，當妳成為講師，妳也會獲得學員如此的激勵回饋。

祝妳

真心所願 築夢踏實

宏裕

老師的最大的罪過是：不敢要求學生

　　我有一位教會朋友，任職於政大，榮獲無數績優教學獎，也深受學生愛戴。將值退休之際，我好奇地請教他如

何與學生互動。他說每學期開課第一天，即與學生約法三章：

★上課鈴響，教室鎖門，遲到同學不用進來了，老師會點名（紀律要求）。

★課程評量進行分為：到課率、作業、三次期中考與一次期末考，各佔不同比率　（績效要求）。

★雙方各盡其責：老師認真教學，同學認真學習。期末成績不要來求情！（情、理、法已經仁至義盡）。

聽完他的分享，我想起藝人吳宗憲說的一句話：「董事長最大的罪過是：股東不賺錢，諧星最大的罪過是：不好笑」；我自行領悟了下一句話：「老師的最大的罪過是：不敢要求學生」。

是的，我終於明白「老師的最大的罪過是：不敢要求學生」。因為教不嚴，師之惰；所以這句話還可順勢延伸：

★「父母最大的罪過是：不敢要求兒女」（一味討好奉承，縱容予取予求）。

★「主管的最大的罪過是：不敢要求部屬」（一味地唯唯諾諾）。

★「政府的最大的罪過是：不敢要求人民」（只會短線討好人民，忽略長期影響策略的規劃）。

★「自己最大的罪過是：不敢要求自己」（嚴以待人，卻選擇寬以待己）。

正所謂「子不教，父之過；教不嚴，師之惰」。這個社會與其事後指責老師與父母，不如事前彼此「當責」，扮演好自己的角色：做什麼、像什麼，做到專業。

終生學習，同理關懷，才是未來等待的人才

美食必吃、有文必炫。我們對於美食、旅遊，好吃好玩的地方往往興致勃勃，熱情投入；可以豪邁地大快吃肉、大碗喝酒，吮指手扒雞、小龍蝦、螃蟹肉吃的不亦樂乎，不嫌麻煩。可是我們對於知識學習卻是淺嚐即止。似乎總是用一種最優雅的姿態，在旁觀看，怕弄髒手、流下太多汗水，而不願意過多投入付代價。

殊不知數位網路時代來臨，網路上知識訊息多如過江之鯽，試想一個情境：今天一個生在資源貧乏、生活困頓的非洲年輕人，他只要比我們有更強烈的學習動機，一旦他能連上網路，不消三個月，他的知識技能就可以遠遠超過一個學習態度被動消極的我們。更何況日積月累，差距更為驚人。

每天把學習，當作生命中的第一天（終生學習，永不言老）；每天把生活，當作生命中的最後一天（以終為始，反躬自省永不言老），將會有截然不同的成果。

保持終身學習，避免被 AI 取代；知識學習可擁有全方位跨域、國際移動力、永續學習力，但還要有同理關懷，才能成為未來等待的人才。

當責與共好

「當責」是善盡職責，做什麼像什麼。

「當責」是做到專業，創造價值。

「共好」是彼此願意合拍跳探戈，有心共舞。

進退磨合之間，譜出精彩舞曲。

「共好」是遵循「情理法」規範，傳揚真善美。

「成就動機」是個人改變的基石

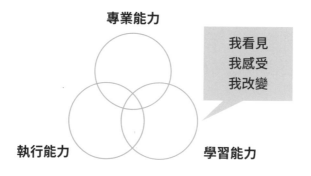

共好便利貼 🩹

1. 自己最大的罪過是：不敢要求自己，總是寬以律己、嚴以待人。

2.「當責」是善盡職責，做什麼像什麼，才能做到專業。

3. 行有不得者，反求諸己。其身正，不令而行；其身不正，雖令不從。

Memo

_____

_____

_____

_____

02

怪天、怪地、怪別人？
先怪自己！

別怕承認自己錯了，這只是在說，
今天的你比昨天更加睿智！

──羅伯特・紐威｜幽默作家

回想求職生涯，每一階段都不斷更新履歷表，強化爭取更佳工作機會，總期盼薪資、職位水漲船高。畢竟在這「人人頭上一方天，個個爭當一把手」競爭年代，誰不希望自己快速發光發熱，功成名就？

　　記得那年轉職，終於謀得不錯的業務經理職位，銷售產品是商業軟體。雖然經過半年努力打拼，但業績始終不出色。不多時，一位後進者曉梅，加入我們業務團隊。她積極進取，逐漸以後起之秀的卓越業績超越我們。

　　半年後某天，總經理宣布：「我將升遷經理曉梅，由她擔任資深經理，直接帶領你們業務團隊。」天啊！這對我而言簡直晴天霹靂，彷若「結婚了，新郎是別人；升官了，主管不是我」。心中頓時悲憤交加、五味雜陳，極度不平，當天下午就憤而離職。

　　事後想想，當時年輕氣盛的我，技不如人，實力不好，卻不自知、不承認，怪天、怪地、怪別人！又不願深切反省。而我的貿然離職，不僅沒有與主管同仁好聚好散，更顯示自己氣度不成熟、不懂得感恩知足，實在辜負當時錄取我的總經理，至今每思及此事，總是愧疚不已。

行有不得，反求諸己

　　相傳四千多年前歷史上的夏朝，諸侯有扈氏起兵入侵，當時的君王夏禹派伯啟前去迎擊，結果伯啟戰敗。部下們憤恨不甘心，一致要求再打一仗。伯啟表示不必再戰了。我的兵馬、地盤都不小，結果反倒還吃了敗戰，可見這是我的德行比他差，教育部下的方法不如他的緣故。所

共好，從當責開始

以我得先檢討我自己，努力改正自己的毛病才行。從此，伯啟發憤圖強，每天天剛亮就起來工作，生活簡樸，愛民如子，尊重有品德的人。這樣經過了一年，有扈氏知道後，不但不敢來侵犯，反而心甘情願的降服歸順了。

《孟子‧離婁章句上》：行有不得者，皆反求諸己，其身正而天下歸之。遇到挫折時切莫責怪他人，而應先來從自己身上找出問題的癥結，並努力加以改正。

受害者循環──不自知、不承認，不願反省

曾幾何時，進入職場一段時間後，心餿了、人也懶了！起初懷抱的熱情與夢想，抵不過現實競爭的困難。與人共事自然散發腐臭味，卻不自知、不承認，不願反省，陷入受害者循環（victim loop）：爭功諉過、批評論斷。只想權利（權力），不盡義務（本分），因此悲劇不斷重蹈覆轍。

受害者循環是怪天、怪地、怪別人！如果水手責怪風向的話，那麼教練會責怪球員、主管會責怪部屬、部屬會責怪顧客，大家應該要有「我們都在同一條船上」的共識，誰也不要責怪誰。

避免陷入受害者循環

抗拒改變　　　　　漠視問題

受害者循環
Victim Loop

自我合理　　　　　否認推諉

啟動「當責循環」：熱情、智慧和勇氣

責任推託到此為止（The buck stops here）是一塊牌
子，放在美國總統杜魯門（Harry S. Truman）白宮辦公桌
上的金句，用以警惕自己當以身作則，絕不推諉責任（pass
the buck）。1953 年，杜魯門在卸任總統告別演說中，他特
別強調：「不管任何人當美國總統，當該做決策時，就該
當機立斷，不可將責任推給別人，也沒有任何人可以代他
作決策，因為這就是總統的職務」。

一旦「行有不得，反躬自省」，建立「當責循環」，
才能面對並解決問題。

當責循環是承擔主人翁（owner）心態。每個人都願

意嘗試學習多做一些額外的工作、用主管的角度看問題，承諾用盡心力解決問題，而且絕不爭功諉過。

當責，取代受害者循環

當責循環
Accountability
Loop

學習成長　　承認過失
決心改變　　自我檢討

共好便利貼

1. 個人當責，從停止抱怨開始，責任推託到此為。
2. 避免陷入受害者循環：怪天、怪地、怪別人！
3. 當責循環是承擔「主人翁」心態，面對並解決問題。

Memo

_____

_____

_____

03

當責最低門檻——
不求造福人類，切勿禍國殃民

當人間的一盞燈熄滅時，天上的一顆星就會亮起！
當天上的一顆星隕落時，人間的一盞燈也會點燃！
相信你我，就是那一盞燈、一顆星；因為我們的
存在，會讓世界變得更美好！

有一位號稱透過指尖「滴血驗病」的美國新創血液檢測公司「療診」（Theranos），創辦人伊莉莎白・霍姆斯（Elizabeth Holmes）宣稱其創新的驗血技術將顛覆醫療產業，因此邀大咖入股，在矽谷刮起旋風。

　　沒想到這家生技公司吸金二千七百億後，於 2015 年被拆穿其技術根本是一場騙局，後來《華爾街日報》記者凱瑞魯花了三年多時間將這起傳奇事件寫成《惡血：矽谷獨角獸的醫療騙局！深藏血液裡的祕密、謊言與金錢》一書。

　　人們從歷史上學到的最大教訓是：人們永遠不會從歷史上，學到任何的教訓。1995 年 2 月，英國霸菱銀行（Barings Bank）一位二十八歲期貨交易員李森（Nick Lesson），濫用職權更改內部稽核系統，虛構獲利，銀行高層內部竟也不察，產生十億英鎊呆帳。一夕之間，擁有二百三十二年歷史的霸菱銀行宣告倒閉。醜聞發生時，令人詫異的是：所有管理階層交相指責，沒有人願意承認錯誤。

　　殷鑑不遠，2001 年美國安隆案（Enron）、2008 年雷曼兄弟（Lehman Brothers）等又相繼爆發金融財務危機，震撼華爾街，波及投資人。乃至於數位網路時代，多起 P2P 網貸平台倒閉潮，眾多投資人血本無歸，一再上演。

這怎麼能怪我？都是別人的錯！

2011 年 5 月台灣發生塑化劑食安風暴之後，人們並未記取教訓，食安問題不斷重演：2013 年 5 月的毒醬油事件、毒澱粉事件、2013 年 10 月大統混油事件、2014 年 1 月肉品填充保水劑事件、2014 年 9 月餿水油、黑心油、假布丁、過期原料事件、2016 年麵粉改良劑（過氧化苯甲醯 BPO 讓麵粉變白、偶氮二甲醯胺 ADA 增加筋性）等，而中國大陸也出現假蛋、毒奶粉、過期肉品販售給知名速食連鎖店等。我們才相信：人們的記憶很容易遺忘，人們永遠不會從歷史上，學到任何的教訓。就像《看見台灣》紀錄片導演齊柏林空難逝世，紀錄片曾揭示的十六大環境危機問題，仍停留在「被看見」與「未解決」的路上。

這些弊案凸顯兩個嚴重問題：

★企業或組織文化如果沒有本於「誠信原則」，經理人就會急功近利，為求降低成本，不擇手段創造所謂「高績效」利潤的業績成果。

★發生問題時，我們不會反躬自省，卻習慣急於批評論斷、爭功諉過，先尋找「替罪羔羊」，將錯誤責任歸咎他人？

受歡迎？還是受尊敬？

　　快速競爭的狂飆年代，出現許多「受歡迎、卻不令人尊敬」的現象：一味地只想快速成長的企業組織，卻因貪婪野心或喪失道德操守，如曇花一現般的快速崩落。這種現象如：P2P 新創平台初期高利率吸引投資人瘋狂的資金投入、黑心食品公司、汽車業假造油耗數據、金融業淘空洗錢等，罄竹難書，歷歷如繪。

　　同樣地，一味地只想追求快速成名、一夕致富、一戰功成的某些個人或部分網紅，只追求點閱率的數字成長，卻散播似是而非的言論與價值觀。

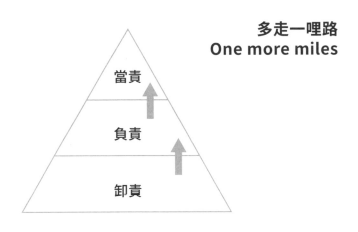

多走一哩路
One more miles

當責

負責

卸責

如果企業、個人如此，政府也容易隨波逐流，討好選民。上行下效，急功近利的結果，社會瀰漫只衝刺短期績效，不求長遠發展，導致爭功諉過、推諉卸責、批評論斷，連基本的負責（Responsibility）都無法做到，更遑論「當責」。追求權力與權利，卻不願意盡義務、負責任，「當責與共好」自然成為時代「良知與道德」的呼喚！

不用怕，請放心，這裡有我

　　2011 年 5 月，台灣有位非常用心的公務員，她在檢驗許多養生食品時發現異狀，不斷地研究下去，結果發現食物內居然添加塑化劑。這個發現對台灣發生極大的衝擊，這位非常用心的公務員，就是行政院衛生署食品藥物管理局技正楊明玉。

　　楊明玉說，這案子我們檢驗出來的時候，想起來自己也會很害怕，這個案子原本應該是一個食品，她看到有塑化劑的時候，心裡蠻驚嚇的，可是想說還要再確認一下。這件事發生後，退休同仁都打電話說非常開心檢驗工作被大家看到。因為我們的傳承是認真、負責，對自己工作很嚴謹、完善，我們的團隊一向為民眾的健康把關。

為什麼要強調「當責」？

當責 accountability 的字根與字首有：依賴、信靠、計算、成果、影響等意義。據說第一次正式紀錄的使用是在 1688 年，英王詹姆斯二世 King James II 對他的子民所說的話：我要擔當自己曾經公開且自願所做或所說的事（I'm accountable for all things that I openly and voluntarily do or say.）

全球五百大企業近半數將「當責—當仁不讓、責無旁貸」標舉為企業重要價值觀。取法乎上，僅得乎中。組織企業強調當責，至少有下面幾個理由：

（1）避免違法亂紀，樹立「誠信」價值觀

當責的最低要求：不求你造福人類，但求不要禍國殃民。需以「誠信」價值觀為依歸，但不可不擇手段。例如：德國某汽車大廠，一味地追求世界第一，卻欺騙造假。2015 年 9 月被美國環境保護署最近發現，他們在美境內銷售的柴油車款，在排污檢測的過程中造假。類似此種欺騙造假案例比比皆是，存在各種行業。

（2）行有不得，反求諸己

　　嚴以律己，出了問題先檢討自己。古有曾子曰：「吾日三省吾身：為人謀而不忠乎？與朋友交而不信乎？傳不習乎？」。曾子說：「我每一天必定從三方面來省察自身：第一，幫人計畫事情，有沒有盡心盡力去籌辦呢？第二，和志同道合的朋友交往，有沒有守信用呢？第三，我所知道的學問，要再傳給別人時，自己有沒有事先溫習徹底了解呢？」

（3）自我內在的激勵

對於自己承諾的事，為最終成果負責。追求更進一步的自主感、意義感、進步感與成就感。這種內在的激勵，有別於外在金錢、權位、物質等報酬的激勵，可長可久形成源源不絕的動力。

（4）制高點的思維

欲窮千里目，更上一層樓。制高點的思維在於「主人翁心態」。亦即如果你是最高領導，你會怎麼做？這可從下列五點的面向，均衡思考：單點與全面、短期與長期、有形與無形、絕對與相對、主觀與客觀。

也像《孫子兵法・謀攻篇》：「故上兵伐謀，其次伐交，其次伐兵，其下攻城。」用兵的最上等策略，是用計謀去挫折對方，使對方屈服。其次是在外交上擊敗對方。再其次是直接與敵交戰，最下策就是攻城，非到不得已時才採取。如此才能擁有恢弘的視野，遠大的格局，悲天憫人、民胞物與的胸懷。

共好便利貼

1. 當責最低要求：以誠信價值觀為依歸，不可不擇手段。
2. 自我內在的激勵：追求更進一步的自主感、意義感、進步感與成就感。
3. 制高點思維：恢弘的視野，遠大的格局，悲天憫人、民胞物與的胸懷。

Memo

_____

_____

_____

04

用當責提升執行力，
創造關鍵績效

只有準備充份的人，能夠即席表演！

——英格瑪・柏格曼｜瑞典電影、劇場、歌劇導演

在多次帶領企業「當責執行力」共識營中，開場我會先詢問學員：「請問在目前工作執行中，您感到棘手或困擾的問題是什麼？」

台下不同學員的反應，蒐集如下：

★分配新任務給同仁時，遭遇到抗拒，一再溝通甚至教導說明後，態度還是消極被動。

★常被其他人抱怨或酸言酸語，比較彼此的工作難度與薪酬。

★身為主管，不知道要如何提高同仁的積極度？

★工作分配不均嚴重，因為大家遇到狀況，都想要倚賴某位可以解決問題的人負責處理，卻導致該人員已經過勞了……

★不知道要如何開口要求資深員工協助工作，雖然身為主管，但對方卻是前輩。

接著我會問學員第二個問題：「針對上述困擾，您目前如何處理或建議如何改善？」之所以要問學員第二個問題，是要激發他們有初步的想法，養成問題解決的思考習慣與能力。

如此引導，可能會獲得不同學員針對上述各自問題的初步解決方式，例如：

★只能一再溝通，嘗試了解對方的動機意願。

★盡量漠視他人的抱怨或酸言酸語。

★目前都是只能靠自己，開會時盡量鼓勵或爭取更好福利等。

★培訓新人，嘗試把工作教出去……並且，不輕易答應接新的任務。

★硬著頭皮開口，好好跟前輩們請求協助。

★思考幾個方案，列出各個方案優劣，越級報告取得主管協助。

當學員有了初步想法，我會再補充一些思考角度，例如：

★嘗試了解對方的動機意願，可以透過教練型的溝通技巧，如：詢問／傾聽／察覺／回饋。

★跟前輩們的部屬溝通時，除了虛心求教自己主管，還可以恩威并施，建立績效評量，展現自己的績效影響力。

★思考幾個方案，可以活用「六頂思考帽」的多面向思維，如：風險代價、數字證據、感性直覺、冒險創新等特質來解決問題。

我之所以補充不同思考方向的解決方案，在於提醒學員：「方法總比問題多，不找藉口找方法」，亦即「路是人走出來的，路是無限的寬廣」。

突破思維的困境：影響圈 VS. 關切圈

　　《與成功有約》一書的作者史蒂芬・柯維（Stephen Covey）提出了：「關注圈／影響圈」。

　　「關注圈」是指個人關注的範圍，比如國家經濟、新聞時事、個人健康、家庭關係、事業工作等等，這類事物暫時可能無法「完全掌控」影響，但可以賦予關切。

相對地，「影響圈」指的是在「關注圈」內自己可以掌握的事。先專注在「影響圈」，專心控制自己能控制的事，花心力投入自我成長，漸次「擴大影響圈」。

　　如此可以避免動輒將不如人意的結果推給外在環境問題，不斷抱怨他人，為自己的消極行為尋找藉口。

　　關切圈　（自己暫時無法掌控）vs.影響圈（自己可以掌控）：

　　先專注在影響圈，努力創造改變。

　　等待影響力漸次發揮時，原本無法改變的關切圈也會因為量變／質變，而產生改變。

影響圈 V.S. 關切圈

影響圈：
自己可以掌控

關切圈：
自己暫時無法掌控

先專注在影響圈，努力創造改變。
等待影響力漸次發揮時，原本無法改變的關切圈，
也會因為量變／質變，而產生改變

案例：情境資源掌控表

問題情境	自己能掌控	自己暫時無法掌控
1. 向上溝通有困難	鍥而不捨與會議發言	主管的主觀決斷
2. 績效不佳	自己不氣餒與正向思考	火候與知名度
3. 團隊生產力不佳	個別面談與耐心輔導	教練技巧不足
4. 挫折容忍度差	深呼吸寫下心情抒發與反省	心態與習慣調整

當責執行力：策略、人才、流程

案例：為何「智慧手機」專案會大挫敗？

2014 年 7 月，亞馬遜首款智能手機 Fire Phone 上市，其規格與配備被評等為中端等級，剛上市的合約機定價為一百九十九美元，與當時 iPhone 5s 的價格相當。一個月後，Fire Phone 的出貨量僅為三萬部，銷售也一片慘淡，遠不及二百萬～三百萬元的銷售目標。

亞馬遜開始祭出降價策略，一口氣將合約機價格下殺到〇・九九美元，調幅達二百倍之多！這個舉動反而讓先前以高價入手 Fire Phone 的用戶紛紛跳腳，引爆眾怒。同

一季度，亞馬遜虧損了四 · 三七億美元，創下歷史紀錄。

為何「智慧手機」專案會大挫敗？在於執行力三面向：策略選擇、人才培育、流程改善。

當責，強化執行力三面向

執行力，指的是貫徹戰略意圖，完成預定目標的操作能力。

它是企業競爭力的核心，是把企業戰略、規劃轉化成為效益、成果的關鍵 執行力是一套系統化流程嚴謹地探討 what & how 提出質疑，不厭其煩地追蹤進度，確保權責分明。

— Larry Bossidy

Larry Bossidy 在《執行力》一書提到三個原因：

★人為層面：人才、人力不足；領導人遲疑、意志不堅；內部衝突嚴重、人才培育失衡等。

★環境層面：競爭激烈、市場變化太快；政府法規束縛或改變；景氣低迷等。

★管理層面：目標不明確或目標過高；權責劃分不夠明確；預算不足，人員中途流失；組織或主管不懂、也不重視管理；不知道要有備案，無法因應突發狀況；後續追蹤不力，績效考核不佳以及溝通不良等。

雖然 Amazon 經歷智慧型手機「Fire Phone」失敗，但後續記取教訓，貝佐斯有一句口頭禪：對於亞馬遜來說，每一天都是嶄新的一天。在 Amazon「我們的領導力準則」（Our Leadership Principles）當中，有一句話「創新與簡化」（Invent and Simplify）。要求員工創造出某種革新的東西。他要求員工客戶至上，激勵團隊積極創新，不斷推出新功能。據報導，亞馬遜每 11.7 秒就更新一次代碼。該公司孜孜不倦地測試、計算、學習和改進，只為改善客戶體驗。

共好便利貼 🩹

當責執行力的實踐：

1. 多問：問題意識養成，注重結果導向的執行力。

2. 多想：以當責態度勇於任事，避免陷入受害者循環。

3. 多做：執行任務並交出成果，創造關鍵績效。

4. 多看：角色認知與心態轉換，協助目標達成。

5. 多聽：喚起內在激勵：個人、團隊、企業當責。

6. 多溝通：跨部門溝通協調，就像掌舵與划槳，齊力同心才能達成目標。

7. 劃分權責：善用「ARCI 原則」，對目標有強烈的概念和紀律。

8. 有能力去「影響」別人，而非「控制」別人。

9. 先勇於負責，權力自會日積月累。

10. 對於勇於當責的領導人而言：沒有不景氣，只有不爭氣。

Memo

_____

_____

_____

05

利他、分享、合作，
才能創造共好！

世界上最棒的商業能力，
就是與人相處後能影響他們的行為。

——約翰‧漢考克｜美國政治家

托爾斯泰曾寫過一本寓言故事集《呆子伊凡》，書中有一個故事「魔鬼與農夫」：

有個老魔鬼看到人類生活過得太幸福了，他跟小魔鬼說：「你們要下去擾亂一下，讓人類變得邪惡貪婪，知道我們魔鬼的屬害。」

第一個小魔鬼看到一個貧窮卻快樂知足的農夫，於是小魔鬼把農夫的田地變得很硬，想讓農夫知難而退。但那農夫加倍努力辛勤地工作，繼續敲打田地，竟然沒有一點抱怨。小魔鬼計策失敗，敗興而歸。

第二個小魔鬼偷走了農夫午餐的麵包跟水，沒想到農夫非但沒有暴跳如雷生氣，反而自言自語：「如果這些東西能讓比我更需要的人得溫飽的話，那就好了。小魔鬼又失敗了，只能棄甲而逃。」

第三個小魔鬼自信滿滿對老魔鬼講：「我有辦法，一定能把他變壞。」

小魔鬼先去跟農夫做朋友，他告訴農夫明年有乾旱，教農夫把稻種在濕地上，趨吉避凶。結果第二年只有農夫的收成滿坑滿谷。他又教農夫把米拿去釀酒販賣，賺取更多的錢。如此三年下來，這農夫變得非常富有。慢慢地，農夫開始怠惰不工作了。這時小魔鬼就告訴老魔鬼說：「您看！這農夫現在已經有豬的血液了。我要展現我的績效成果。」

有一天，農夫辦了個晚宴，吃喝享受美酒佳餚，還有好

多的僕人侍候。大家吃飽喝足，醉得不省人事，東倒西歪、語無倫次，變得好像豬一樣癡肥愚蠢。

小魔鬼又對老魔鬼說：等一下您還會看到他身上有著狼的血液。這時，一個僕人端著葡萄酒出來，不小心跌了一跤。農夫就開始怒罵他：「你做事這麼不小心！不准你們吃飯。」

老魔鬼見了，高興地對小魔鬼說：「哇！你太了不起！人類變得邪惡貪婪，你是怎麼辦到的？」小魔鬼說：「我不過是讓他擁有比他需要的更多而已，這樣就可以引發他人性的貪婪。」

這故事寓意深遠，寫出人性在環境引誘下有它軟弱的一面，尤其當世界變的又熱、又擠、又亂時，貪婪、自私自利，將造成慾望無節制。人們只想過得更好，哪管北極熊與企鵝過得如何？人們只想豪奢地在餐桌上大啖鯨魚肉與魚翅，哪管瀕臨保育危機的鯨魚與鯊魚的死活。海底紅珊瑚生態破壞、非洲的象牙犀牛獵殺、河川污染、霾害造成的空污，已經唱不出我家門前有小河了！

（1）世界變熱，心則靜

2014 年的台灣氣候明顯異常，6~11 月初的酷熱難耐，加上一至四月的冷風寒徹骨，彷彿一年就只有冬季和夏季。暖和春天和涼爽秋天不見了。我還記得那年 10 月，照顧父母的印尼外傭跟我說，印尼天氣雖熱，但比台灣舒

適，台灣太冷又太熱，一語道出氣候異常現象。地球暖化，近年來夏天熱的難受，彷彿天上有十個太陽，好想請后羿幫射下九個太陽。

多年前去德國旅遊，當我們一行人進入餐廳時感覺有點悶熱，詢問為何不開冷氣，店家回答：總理梅克爾政府通過規定，室內超過 26 度才可以開冷氣，讓我印象深刻。2015 年的巴黎氣候峰會歷史性協議：全球升溫限攝氏二度以內，否則長此以往下去，人類終將毀滅在自己貪婪放縱的無盡慾望裡。

（2）世界變亂，心則定

地球變得又擠了。此外，2050 年的全球人口即將破一百億大關，屆時水資源與重要的資源如貴金屬、稀土資源等，勢必引起各國的爭相搶奪。政客也會熟練地操弄議題，將國內的紛亂不安、經濟蕭條等因素，轉而為向外爭奪土地領海海域與資源的戰爭。

人民對於政府施政也有更高期待，尤其當貧富不均、不公不義加劇，公民力量就會串連一股自力救濟的怒火，以致各地抗爭、烽火不斷，彷彿世界已無人間樂土。

（3）聰明工作，健康生活

我在想，身為一個小市民，在全球化變遷過程到底如

何「共好」？猶記高中時讀到《禮記・禮運大同篇》時，雖懵懂但心嚮往之：

大道之行也，天下為公。選賢與能，講信修睦。故人不獨親其親，不獨子其子；使老有所終，壯有所用，幼有所長，鰥、寡、孤、獨、廢疾者，皆有所養；男有分，女有歸。貨，惡其棄於地也，不必藏於己；力，惡其不出於身也，不必為己。是故謀閉而不興，盜竊亂賊而不作，故外戶而不閉，是謂「大同」。

短短一百三十六個字，描述社會安康祥和、百姓安居樂業、政府善盡職責、家庭和樂美滿、人民守法勤奮，真是一幅美好圖畫。

當放諸四海的理想實現時，人們遵循公正公義，以眾人利益為依歸。與人之間講求信用，國與國之間和平共處。在這樣理想的社會，男人有穩定職守，女人有美好歸宿。在這樣理想的社會，人們創造財富並珍惜財富，人們的才華都能盡情發揮，奉獻己力，並不只為了謀私謀利。因此，陰謀狡詐消失了，偷盜、侵犯、作亂、害人之事絕跡了，人們因而都能放心外出而不關門。這就是真正理想的大同世界啊！

後來又聽到「烏托邦」，意指理想完美的境界：一個國家能擁有完美的社會、政治和法制體系。進入大學讀了《聖經・創世紀》記載「伊甸園」：是上帝造了人類祖先亞當、夏娃，安置在快樂愉快的園內，享受一切美好。

當責與共好的的推廣實施

共好
文化 $\longrightarrow$ Culture

行動成果 $\longrightarrow$ Result

實踐經驗 $\longrightarrow$ Experience

當責信念 $\longrightarrow$ Belief

最壞的年代 vs. 最好的年代

環顧現今社會，彷彿是一個最壞的年代：社會政治上，不乏彼此惡意攻訐、見不得他人好；職場競爭充滿爾虞我詐、批評論斷。爭相諉過；媒體也不乏以煽情八卦、教育則以功利導向掛帥。但這也是一個最好的年代：許多公益團體與個人的良知、自覺與創造力，默默付出與行善，大聲疾呼改變與行動，溫暖許多孤寂的靈魂。

在職場上，利他合作才能樂在工作；在社會上，同理包容才能愛在生活，迎向共好年代。

共好發展有七座山頭（silo）要攀登：家庭、教育、環保、媒體、政治、經濟、科技，在本書第五章將分別陳述。

本書寫作就「當責與共好」兩個議題，鋪陳章節：個

人當責、團隊當責、組織當責、共好年代。深願細究問題的過程，不懷憂喪志，讓每天叫醒我們的是夢想！

共好年代的七座山頭

家庭　政治

媒體　共好　經濟

環保　教育

科技

共好便利貼

1. 共好：人與己、人與人、人與環境、人與宇宙的良好關係。
2. 共好：「情、理、法」均衡。
3. 共好：兼顧利益關係人，邁向美麗新世界。

Memo

_____

_____

_____

第二章

個人當責——

人人頭上一方天，個個爭當一把手！

個人當責始於：行有不得，反躬自省，停止抱怨；經常內省，不會爭功諉過、批評論斷。設定挑戰標準，不斷超越精進，終能做到專業，創造價值。

當責，多走一哩路──

思慮周全、有備無患！

多走一哩路、選人少的路、選難一點的路、
換位思考與寬容憐憫、終身學習和挺身而進！

——連加恩｜臺灣醫師、基督教傳教士

身為專業講師，我授課前的當責準備是：再次複習授課內容、隨時更新增添案例、前一天檢查筆電狀況與檔案，才能安心就寢。

　　日前因為連續三天課程，授課行程緊湊，讓我在第一天授課後，因為實在疲憊不堪，當晚提早入睡，心想第二天出門前再開機檢查也不為過。殊不知第二天一大早打開筆電，竟然當機！天啊！簡直如晴天霹靂一般，心中忐忑不安，我手忙腳亂也無法修復，只能先利用桌機將隨身碟檔案上傳雲端。眼見時間緊迫，原本可以好整以暇悠閒地搭乘捷運，抵達客戶公司，卻不得已花了四百三十元搭計程車前往。但因客戶為金融單位，對於外賓攜帶隨身碟管制甚嚴，層層把關，於是又費了九牛二虎之力，總算解決了檔案轉入問題。當天授課的題目正好是「當責執行力」。學員可能沒想到，站在台上神情自若的講師，其實私底下剛經歷一場驚濤駭浪、心驚膽跳的補救工作呢！

　　當天晚上授課完畢，下著滂陀大雨，我再搭乘計程車去送修筆電，狼狽疲憊不堪，如此經過一週才整修完成。感謝上天讓我真正懂得「當責」，謙卑受教，以身作則。不要自己變成「口號的巨人，行動的侏儒」。

當責與負責的差異

　　茲舉四個例子，說明當責與負責的差異：

　　負責是：有義務「執行命令，採取行動」。例如：主管交代部屬準時把信寄出。

　　當責是：多做一點點，有義務確保行動「達到成果」。例如：思考何種投遞方式最可靠，寄出後再追蹤確認對方是否收到。

　　負責是：你說我照做，不多問也不多想。例如：開會討論事項安靜聆聽，執行交辦事項。

　　當責是：多想／多問一點點，有無其他的可能性。例如：熱情參與、積極投入，勇於建言討論。

　　負責是：把事情做「對」。例如：把被交辦的事按時交差了事。

　　當責是：先選擇做「對」的事。例如：（DIRFT, doing it right the first time）先確認是對的事，再把事做快、做對。第一時間先選擇「方向」對，然後「方法」做到位。

　　負責是：「執行」責任——有責任確實執行被交付的任務。例如：心態上認為沒有功勞也有苦勞。

　　當責是：「成果」責任——善用團隊合作，創造最大綜效。例如：制高點思維，考慮團隊整體利益與成果。

當責與共好的的推廣實施

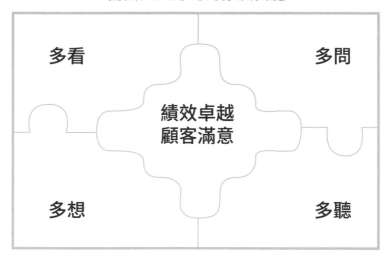

多看　多問

績效卓越
顧客滿意

多想　多聽

墨菲定律：思慮周全，有備無患才能防患於未然

墨菲（Murphy）是美國愛德華茲空軍基地的上尉工程師。1949 年，他和上司斯塔普少校，在一次火箭減速超重試驗中，因儀器失靈發生了事故。墨菲發現，測量儀錶被一個技術人員裝反了。由此，他得出的教訓是：如果做某項工作有多種方法，而其中有一種方法將導致事故，那麼一定有人會按這種方法去做。

因此，「墨菲定律」（Murphy's Law）意指「凡事只要有可能出錯，那就一定會出錯。」（Anything that can go wrong will go wrong.）如果有兩種或兩種以上的方式去做某件事情，而其中一種選擇方式將導致災難，則必定有人會作出這種選擇。

2003 年美國「哥倫比亞」號太空梭即將返回地面時，在美國得克薩斯州中部地區上空解體，機上六名美國航員全部遇難。另外 2014 年 3 月 24 日馬航失聯客機事件都可用「墨菲定律」來解析：

「墨菲定律」告訴我們，容易犯錯誤是人類與生俱來的弱點，查核過程中，思慮周全才能防患於未然。就算我們解決問題的手段高明，還是會面臨不同的麻煩，所謂「道高一尺，魔高一丈」。所以，我們在事前應該儘可能思慮周全，盡人事聽天命，如果真的發生不幸或者損失，也就問心無愧。

共好便利貼

1. 「墨菲定律」最容易出錯的事，總會出錯。
2. 思慮周全，有備無患才能防患於未然。
3. 多走一哩路、選人少的路、選難一點的路。

Memo

_____

_____

_____

07

「狼性文化」，
還是「當責自律」？

我深信每一種權利，都包含一種責任；
每一個機會，都隱含著一種義務；
每一種擁有，都隱含著一種應盡的本份。

——洛克斐勒二世｜美國前銀行家

我曾受邀某家電製造廠，進行「績效管理」、「領導與激勵」兩天培訓的授課。當天抵達大廳後，我向總機小姐表明來歷，煩請她通知李經理，於是我在沙發上耐心等候。怎知左等右待，就是只聞樓梯響，不見人影來。約莫等了十分鐘，我已耐不住性子再去詢問該總機小姐，她冷漠的回答：「我剛才電話聯絡李經理，但是她不在座位上。」

　　我心想然後呢？我正納悶她的下一句話，怎知該總機小姐就停住了話語，若無其事一般，彷彿已經回答完我的疑問。天啊！沒有下文嗎？她與我的溝通頻道竟從此斷訊，難道這就是答案嗎？

　　這令我嘆為觀止的態度和回答，引起我探究她行為模式背後的動機。於是千百個疑問開始在我腦海中盤旋浮現：

　　以她的職責，還可以多做一點點，例如：她可以在第一時間點主動告知我狀況、她可以撥打手機或廣播通知尋找、她可以透過部門人員協助尋找，但很可惜，所有這一切她都沒有做。後來我自己撥打手機，才終於如願碰到李經理。

　　我很想幫助她，試圖瞭解行為背後的因素：例如，她喜歡自己的工作嗎？她有受過接待禮儀培訓嗎？她的主管知道她的態度或能力嗎？她第一天上班就是這個態度，還是受了刺激變成這樣呢？這一切的疑問，開啟我對「當責——做到專業，全力以赴」的關注。

（1）莫忘初衷，但初衷要明確

俗話說：「不忘初心，方得始終」。莫忘初衷，但初衷要明確。回想當我們初進入職場工作時多麼豪氣干雲，總想有一番遠大的抱負與作為。直到發現現況比想像更困難時，雄心壯志慢慢消磨殆盡，最後心早就死在辦公室門口外。千金難買「早知道……」、「沒想到……」、「我以為……」。

（2）明確的初衷要能回答：為什麼？有什麼？要什麼？

為什麼？我為什麼想要進入這家公司？

有什麼？我何德何能，有什麼條件、資格能夠進入這家公司？

要什麼？我的能力不足之處，需要什麼方式能夠加強改善？我希望短中長期能達到自我實現，並有利於公司的目標是什麼？

（3）一樣的總機小姐，不一樣的成就動機

另一個案例是：有一位總機小姐，從十八歲擔任台塑總機開始，電話鈴聲三響內她一定會接起來，跟她講過一次話她就會記得妳是誰。她反覆默背每個人的分機號碼，絕不會讓人等待。她說：「我和別人不一樣，我很用心！」她是陳美燕。後來還被大陸工程總經理殷琪大力稱讚，一直做到總機阿嬤。

員工的言行舉止，代表公司的形象。前述總機小姐故事強調「當責」就是「多做、多想、多看、多聽、多問」。比「負責」多一些的自主感、意義感、使命感，就能做到專業、創造價值。

當責是「當仁不讓，責無旁貸」；當責是「執行任務並交出成果」；當責是對於自己與他人承諾之事的實踐；當責是全力以赴，做到專業。

主動出擊的「狼性文化」

另一種積極性的思維，讓我想到中國許多企業提倡「狼性文化」，尤其是華為企業，特別強調主動出擊與團隊合作。但也不免讓人質疑：如果在組織內養了一批有衝勁的「狼」，嗜血成性之餘，會不會反受「引狼入室」危害？其次，為何不強調人性激勵，卻要提倡狼性文化？

學者陳志奕曾分析，狼性文化建立在三個方面：

★戰略上對目標的長期聚焦，配合資源的密集投入。

★人才上對基層肯定，對財富共享，以及晉升希望，所帶來的認同感、榮譽感所驅動。

★組織上對高層制衡，勇於任事負責，促進內部革新，避免僵化。

　　姑且不論狼性文化的利與弊，這顯然是最高領導塑造的組織文化：員工要時時保有危機意識，善於發現市場機會，對目標不屈不撓，講求團隊合作，才能在激烈的競爭中生存下來。

　　近日華為在受到美國總統川普祭出雙禁令，創辦人任正非對內部全體員工講話，展露「心有驚雷，面不改色」的霸氣。暫且不論雙方各自指控對方操作間諜戰，這種狼性文化的激情在面對外部危機時，特別高昂。對華為而言「敢戰方有前途，善戰才能勝利」。因為華為的 5G 技術在全球具有優勢地位，這已經奠定相當的實力。孫子兵法

　　　　　　　　　　　　　　　共好，從當責開始

提到「多算勝，少算不勝」，唯有未雨綢繆的沙盤推演，才能未戰先勝。

因此當美國高通拒售華為芯片，華為立即宣布將自家的海思芯片備戰；同樣，在被禁用安卓系統之後，立即宣布將推出自家的鴻蒙作業系統（Hongmeng）應戰。這也是巧用孫子兵法九地篇：首尾相救的「率然」陣勢，隨時調整的機動模式。（故善用兵者，譬如率然；率然者，常山之蛇也，擊其首，則尾至，擊其尾，則首至，擊其中，則首尾俱至。）

同樣著眼「成就動機」，除了強調狼性文化，我認為還要「當責自律」。因為當責自律多了一份良知、道德與價值觀。當責自律要靠組織中的「情、理、法」三角形，衡情論理還要依循法度。

★情：動之以情，同理心的溝通，感性情懷的啟發。

★理：訴之以理，講究數據、資料、證據背後的意義。

★法：繩之以法，法規制度、SOP 程序管控。

「謀事在人，成事在天」，勇於當責就算目標無法達成，也能解釋原因、記取教訓，行在「良知與道德」的平安裡！

組織中的 「情、理、法」三角形

法： 規範 / 制度 SOP

共榮共存
共好關係

情：
溝通 / 同理

理：
數據 / 成本

共好便利貼 🩹

當責自律的成就動機：

1. 明確的初衷要能回答：為什麼？有什麼？要什麼？

2. 狼性文化還是當責自律？別忘了組織中的「情、理、法」三角形。

3. 勇於當責就算目標無法達成，也能解釋原因、記取教訓。

Memo

_____

_____

_____

共好，從當責開始

08

方法總比問題多，
不找藉口找方法

每一個你討厭的現在，
都有一個不夠努力的曾經。

——幾米｜繪本畫家

五月中至南部為某鋁門窗業者講授「創造顧客滿意的服務行銷」，當天課程進行中，下午外面突然滂沱大雨，教室隔音效果不佳，加上配給我使用的小蜜蜂麥克風斷斷續續出現雜音，嚴重影響授課品質。

　　中場休息時，客戶人事窗口小邱立即採用兩個備援方案：

　　★方案一：立即情商外借效果較好的麥克風

　　★方案二：在外調麥克風抵達之前，設定筆電使用 Line 透過手機講話，經由 HDMI 投影機的音源播放聲音（但此方法會造成聲音遞延效果，但只能將就使用）但至少我們共同想辦法、擬對策，試圖解決問題。所幸沒多久，情商外借效果較好的麥克風抵達，瞬間解燃眉之急，課程也順利進行至終場。結語時，我說回覆他：「創造顧客滿意的服務行銷，我們已經身體力行，親身經歷，祝願爾後夢想、行動、改變成真！」

　　晚間回到台北，約莫九點四十七分收到小邱的簡訊，內容寫道：

　　張老師，晚上好！！

　　　感謝您今天蒞臨指導，教授我們十分受用的知識及方法，在此非常感謝您！

　　關於麥克風異常破壞您的授課品質，我必須與您道歉，

真是非常對不起您，您這麼用心的安排今天課程，我卻打亂您的節奏與對公司的印象，對您感到非常抱歉！是我事前沒有做好完全的檢查導致。

下班時我拆開檢視發現，內部設備已年久損耗，導致喇叭遭受干擾，經與主管報告後，著手蒐集新的設備採購資料，近期將會完成設備採購，為接下來的教育訓練課程，摒除今天異常。最後，還是要再跟老師說聲對不起！我會記起教訓，並從今日開始。

隔天早上我回覆：「小邱早安，沒關係，我非常感謝你盡心盡力，至少我們嘗試兩三種方法，終於解決問題，太美好了。我們也證明了『方法總比問題多，不找藉口找方法』，服務行銷在於有心。你們的認真學習，也讓我非常感動，我會寄上一本著作給你，祝你工作愉快順心喔！」

創新思維的溝通心法——活用「六頂思考帽」

企業訓練員工解決的多元思維，可運用「六頂思考帽」（Six Thinking hats）。這是英國學者愛德華‧狄波諾（Edward de Bono）的一項使用廣、受歡迎的思維訓練模

式。他以六種顏色帽子，代表六種思考模式的技法，兼具理性與感性，協助團隊作出最佳判斷或選擇。其目的在指導人們進行「平行思考」，將思考分割成許多面向，一次只用一個觀點想事情，依次從不同的面向進行單一且充分的考量，最終就能對事情得到諸多角度的觀點，使得思考效果更全面、完善，讓思考過程簡單不混亂。

而「六項思考帽」代表的意義如下：

★白帽：事實與資訊（客觀認清事實）

★綠帽：創新與冒險（創造性思考）

★黃帽：積極與樂觀（樂觀的正面思考）

★黑帽：邏輯與批判（批判思考）

★紅帽：直覺與感情（感性情懷的思考）

★藍帽：系統與控制（俯瞰整體，加以整合）

六頂思考帽（Six Thinking Hat）

激發創新思維
創造灌能團隊

白　綠　黃
黑　紅　藍

思考題目：
「半杯水」

　　我們可以試著練習，思考題目是「半杯水」，每一個人同時扮六種角色，演六種顏色的帽子。

　　★白帽：事實（還有二百五十毫升的水，但有些雜質）

　　★綠帽：希望（希望能宣導節約用水、合理提升水價、清除水庫淤泥、節能環保用、水創意、滯洪池思考）

　　★黃帽：樂觀（旱季不缺水、雨季不淹水）

　　★黑帽：悲觀（水質、水價、水污染、水浪費的嚴重性）

　　★紅帽：直覺（憂心但不悲觀，積極但更謹慎）

　　★藍帽：聚焦（宣導節約用水、適度反應高用量水價、清除水庫淤泥）

　　總之，有效的運用六頂思考帽的創新思維，有助於將危機變為轉機。

　　「六頂思考帽」運用的案例如下：

　　一、白帽子：中立、客觀，偏好以事實、數字、證據做判斷

　　例：業務部產品銷售的目標進度，銷售額落後 10%，

毛利率超越 5%。

二、綠帽子：代表探索、建議、新觀念，以及可行性、多樣性等創造性思路

例：也許可以從產品重新定位、通路檢視或加強業務溝通話術等方面著手。

三、黃帽子：樂觀、正面思考，將焦點放在優點上，從利益、價值、可取之處著手

例：通路多元化拓展可以擴及原本不認識產品的消費者，有機會擴大市場。

四、黑帽子：以批判、悲觀方式提出負面看法，包含實施的缺點、風險或不安因素

例：通路多元化雖可在短期內創造更多營收，但長遠來看，增強產品的獨特銷售賣點才是根本解決的方法。

五、紅帽子：代表情緒、感覺。傾向於以預感、直覺、印象來思考

例：若是通路多元化增加，將引發現有主力通路商不滿，因此很樂見先增強產品賣點的提案。

六、藍帽子：綜觀全局，整合所有意見，並提出最終結論

例：產品行銷部先強化產品賣點與話術，業務部在通路檢討時，並可透由大數據分析了解消費者的期望，做為後續市場策略調整的的參考。

共好便利貼 🩹

當責自律的成就動機：

1. 當責就是多問、多看、多想、多聽、多做一點點。

2. 當責是：多做一點點，有義務確保行動「達到成果」。

3. 以「主人翁」心態，喚起「我們都在同一條船上」共識。

Memo

_____

_____

_____

09

眼光與遠見——

每天改善 1%，一年強大 37 倍

追求你的願景，而非金錢。
財富自然會追上你。

——謝家華｜Zappos 執行長

小婷擔任一家日商儲備店長，在第一次店長考核中未能順利過關，落選原因被指出是「負責態度不足」、「做事缺乏計畫」。她的主管營業總監指出她的毛病：只看得見眼前的問題，卻沒有想過背後的成因，所以找不到一勞永逸的解決方法。

　　於是主管建議她每天問自己十個問題，例如：「帳目為何有出入？」、「員工為何精神渙散？」，然後再為問題找出五個答案，透過自問自答的方法釐清問題的本質。

　　小婷透過這種方法，五個月內寫了六百張紙條（問題），構思了三千個答案，終於在第二次店長考核中，如願考取店長資格。而藉此累積的三千個推測答案的訓練能力，則是她學到最寶貴的一課。

　　這是《經理人月刊》報導的案例。多想一想，五個月想三千個答案。

　　職場達人的背後努力，至少經歷「一萬小時錘鍊」的基本功，就像《莊子寓言》裡，「庖丁解牛」那一篇的故事：庖丁廚師一般，游刃有餘地解牛。以神遇而不以目視，官知止而神欲行：只是用精神去接觸牛的身體就可以了，而不必用眼睛去看，就像感覺器官停止活動，而全憑精神意願在活動。

上課時我喜歡用這個對比，引導學員思考「每天進步一點點」的驚人成效：每天改善一點點，是平凡到卓越的唯一方法。這是日本樂天市場社長三木谷浩史，領悟這種精益求精的精神，強調成功的要件在於不斷地改善，每天改善百分之一，一年強大三十七倍。

每天進步一點點

$$1.01^{365} = 37.8$$

$$0.99^{365} = 0.03$$

$$37.8/0.03 = 1260$$

$$1.01 = 1 + 0.01$$

《荀子‧勸學篇》說：「不積蹞步，無以至千里；不積小流，無以成江海」。千里之行始於足下，循序漸進按部就班，日積月累就有成效。又說「騏驥一躍，不能十步；駑馬十駕，功在不舍。」；再好的駿馬，僅靠一躍，再屬

害也跳不出十步遠；而一匹劣馬，堅持緩緩地走上個十天，也能走出很遠。

　　就像許多企業在年終，遍布海外全球高階主管都會回到台灣，舉行年終檢討會議，定下來年目標與成長策略。鴻海集團郭台銘董事長，2019 年 2 月對集團展望題對聯，也是標舉對目標校準的企圖心。他定案對聯內容為：

　　「六兆豐業何懼狂風巨浪 足立製造開拓新疆土」，

　　「八方好漢更懷鴻滔偉略 掌握科技豪情戰未來」，

　　橫批則是「人工智慧連雲網」。

　　短短四十五個字，道盡郭台銘對鴻海集團未來規畫與展望。

　　日本首富孫正義的幕僚特助嶋聰，貼身記錄孫正義的成功之道，寫了一本《霸氣：孫正義衝向未來的領導學》，其中記錄一個有趣故事：

　　某次郭台銘董事長來訪，和孫正義一起在軟體銀行總公司見面。相談甚歡，會後一起進入公司的迎賓餐廳，並請來壽司師傅親自料理。孫正義順便介紹當晚的生魚片料理是早上剛從築地市場買回的新鮮魚貨，沒想到郭台銘還等不及品嚐桌上的美味佳餚，就逕自起身在餐廳的白板上寫出彼此往後配合的商業模式。孫正義也立刻站起熱烈參與討論。經過一段討論，兩人幾乎都沒有動到眼前的料理。郭台銘就說要立刻趕去大阪處理要務，孫正義吩咐師傅將

料理打包，當作伴手禮，讓郭董搭車時享用，並含笑目送他離去。

可見兩個企業家對於商機的敏銳嗅覺與專注，無怪乎促成日後兩人共同發展機器人與能源等事業。

制高點思維把視線變成遠見──抱負、視野與決心

眼睛看到的是「視線」，眼光看到的是「遠見」；制高點思維把視線變成遠見。就像企業領導者要開疆闢土，必須站在制高點才能盱衡全局，洞察商機，勇於挑戰未來。

你不必是位高權重的董事長、執行長，只要有心，也可以擁有「制高點思維」。上述案例中的小婷，願意花時間與代價，每天想問題與解答，日積月累才能打好基本功夫。當別人想要一步登天走捷徑，小婷卻是腳踏實地，培養能力與投入度。

我在講授「策略規劃」課程，提到企業領導人在詭譎多變的經營環境中，觀察趨勢，研擬策略，才能創造持久競爭優勢。其中「制高點的思維看事情」最能展現他們的抱負、視野與決心。

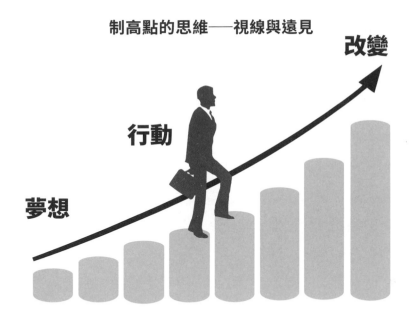

制高點的思維──視線與遠見

改變

行動

夢想

　　日前台積電創辦人張忠謀，退休後以「我的經營學習」為題分享五大心法，其中一項重點是訂價的藝術：張忠謀說，到台灣後常常聽到說 Cost down（降低成本），這固然重要，但 Price up（提升價格）更重要，如何把售價提高，「只有一條路，就是提高價值」。

　　一般思維和制高點思維，在於六個面向：

　　1. 單點 vs. 全面　　2. 主觀 vs. 客觀

　　3. 有形 vs. 無形　　4. 絕對 vs. 相對

　　5. 短期 vs. 長期　　6. 內部（員工）與外部（顧客、股東）

　　例如，尤其在思考對立爭議議題；如何在經濟發展與

環境永續權衡？如何在執法正義與人權保障權衡？如何在光電太陽能板與黑面琵鷺間權衡？如何在農地違建工廠拆除與就地合法權衡？

1. 單點 vs. 全面：單點是見樹不見林，或只解決冰山之上的問題，而未能窺全貌；全面是綜觀全局，釜底抽薪。例如，尤其在思考對立爭議議題：如何在經濟發展與環境永續權衡？如何在執法正義與人權保障權衡？如何在光電太陽能板與黑面琵鷺間權衡？如何在農地違建工廠拆除與就地合法權衡？

2. 主觀 vs. 客觀：主觀可能是直覺判斷，但也可能流於剛愎自用；客觀可以換為思考，思慮周全

3. 有形 vs. 無形：有形偏重物質、外在，無形偏重內在、精神。有形如薪酬、福利，無形如責任感、成就動機

4. 絕對 vs. 相對：絕對指標還是相對比較。如物價、電價、油價、水價，除了庶民感受還要思考全球的比較

5. 短期 vs. 長期：短期求立竿見影，但可能揠苗助長；長期求穩健，尤利於決策思考。

6. 內部（員工）vs. 外部（顧客、股東）：內部力求滿足員工，打造幸福快樂企業；外部滿足顧客、股東，贏得利益關係人的信賴。

共好便利貼

1. 職場達人的背後努力，至少經歷「一萬小時的錘鍊」，才有基本火候。
2. 願意花時間代價，每天思考問題與解答，日積月累才能有獨特的見解。
3. 眼睛看到的是「視線」，眼光看到的是「遠見」；制高點思維把視線變成遠見。

Memo

_____

_____

_____

10

「關鍵職責」
深度工作力——

賣力苦勞，還要「功勞」

別擔心你的作品被抄襲。該擔心的是，
他們不再想抄襲你。

——杰夫・齊曼 Jeffrey Zeldman ｜ Web 設計師

現代的人力資源招募有一句 slogan「Hire for your characteristic, Train for your skills.」，意即「公司可以訓練你的技能，但招募更看重你人格特質的適性。」

　　我們來看一個跨國食品集團，招募 Country Manager 銷售總監的工作內容和條件：

　　★具相關海外地區，食品或飲料等快速消費品相關行業，當地經驗為佳。

　　★豐富的團隊管理經驗，良好的領導能力、策略規劃與執行應變能力。

　　★負責指定國家的業務發展、開拓通路、建立銷售制度、運營管理。

　　★彙整當地市場資訊：市場分析，競品分析和當地通路分析。

　　★業務管理：達成業績目標，業績預估，包括收入，成本，費用和利潤。

　　★銷售管理：監控銷售、市場價格、預測和庫存管理，確保當地市場供應狀態。

　　★工作型態：需外派，一年累積時間約七個月以上，管理十三人以上。

★條件要求：

出差外派	需外派，一年累積時間約七個月以上
管理責任	管理十三人以上
工作經歷	八年以上
學歷要求	專科以上
語文條件	英文——聽／精通、說／精通、讀／精通、寫／精通
工作技能	預算編製與成本控管、業績目標達成、協商談判能力、部門績效目標管理、國外業務開發、業務或通路開發、業績目標分配與績效達成。

上述招募，提到應徵者的工作內容執掌，即為「一般職責」，例如：

★負責指定國家的業務發展、開拓通路、建立銷售制度、運營管理。

★彙整當地市場資訊：市場分析，競品分析和當地通路分析。

★業務管理：達成業績目標，業績預估，包括收入，成本，費用和利潤。

★銷售管理：監控銷售、市場價格、預測和庫存管理，確保當地市場供應狀態。

而一旦勝任者進入職場擔任該職務，就要發展能產生卓越績效的「關鍵職責」（Key Result Area）。例如，開

拓哪一種對的通路、找到哪一種對的客戶、建立哪一種銷售制度等如此才能創造高績效或帶來高成長，因此「關鍵職責」是一種「取捨」。取捨代表能辨識輕重緩急，懂得20/80 法則，先專注在關鍵少數（20%）重要的事物上，事半功倍產生宏偉偉效果（80%）。

（1）「關鍵職責」除了苦勞還要產生功勞——建立個人獨特不可取代的優勢

沒有績效，就沒有人際關係。「關鍵職責」是「階段性」鎖定明確目標，交出預期成果，達成關鍵任務（Key results）。所以附加價值高、具有開展性的工作、可以產生巨大貢獻的豐功偉業，乃至於專案管理等，都是「關鍵職責」。例如，大清康熙帝幼年繼位，權臣竟圖謀廢君改朝，康熙被迫殊死相爭，最終智擒鰲拜，肅清政敵，開始勤政。爾後撤三藩、平噶爾丹、對沙俄簽訂條約，實現清朝國土完整和統一等，此皆為康熙帝「階段性」交出成果的關鍵任務。

明朝朱元璋在登大位之前，也虛心沈潛，接受軍師建議：「高築牆，廣積糧，緩稱王」策略，後續才能克敵致勝，一統中原。這就是一種策略的「取捨」。

「階段性」關鍵任務，讓「個人當責」除了苦勞，還有功勞，更著重開創性與加值性的工作任務。

(2)「關鍵職責」是附加價值、或有效提升生產力的工作項目

賈伯斯在 1983 年力邀百事可樂總裁約翰，希望他加入蘋果電腦團隊，共襄盛舉。CEO 也認清自己的關鍵職責，找到階段性最重要的任務——尋找對的人才，才能幫忙自己分憂解勞。「關鍵職責」是「馬壯車好，不如方向對」目標成果導向，是賣力苦勞，還要建立「功勞」的深度工作力。

試例舉，我曾擔任業務處長的關鍵職責：

一般例行工作	加值高或開展／專案等工作
1. 工作日誌的落實執行 2. 週計畫行程安排 3. 週報資料彙整撰寫 4. 與業務一同拜訪關鍵客戶	1. 規劃當責議題的教育訓練 2. 培養創新思維的氣氛與提案獎勵 3. 年度業績的業務計畫佈局 4. 顧客關係管理的分級
培育部屬	**充實自我**
1. 設立團隊書箱 2. 晨會成功與失敗案例分享 3. 績效與關懷面談	1. 接受領導變革——外訓 2. 養成守時的習慣 3. 學習會議討論的主動發言

一般例行工作：要能熟能生巧。

加值高或開展／專案等工作：是個人發光發熱，幫助組織績效成長的動力。

培育部屬：是成為領導者不可或缺的修練。

充實自我：是自我檢視，再出發或邁向制高點的動力。

共好便利貼 🩹

1.「關鍵職責」產生功勞—個人獨特不可取代的優勢。
2.「關鍵職責」是附加價值或有效提升生產力的工作項目。
3. 沒有績效，就沒有人際關係。苦勞還要功勞，交出成果吧！

Memo

_____

_____

_____

11

SIMPLE 流程——
設定挑戰目標，創造關鍵績效

今天很殘酷，明天更殘酷，後天很美好；
但大部分人死在明天的晚上。

——馬雲｜阿里巴巴集團創辦人

鵬遠近來一直悶悶不樂，他不明白為何公司總是訂下許多的目標、關鍵指標（KPI）、評分表等，彷彿讓自己筋疲力竭，倍感壓力。尤其這一季的績效評，嚴重落後，在業務會議上被主管數落的無地自容。心情沮喪，每天進辦公室前，心都早已死在門口外。

　　相較於其他經理，鵬遠年紀較大，已接近五十了。雖然歲月的刻痕已將青春夢幻帶走，但鵬遠可是「老驥伏櫪，志在千里」，他想重新喚起不服輸的靈魂。奮力躍起，證明自己的業務實力。

　　這天下午他的主管曉蘋，找他做了一個「關懷面談」。

　　曉蘋：「鵬遠，最近我感覺你好像有些悶悶不樂的，是嗎？」

　　鵬遠裝作一副若無其事的樣子，輕描淡寫地回答說：「沒有啊！我很好」

　　曉蘋：「是否我在會議上指責你而情緒低落呢？」

　　鵬遠勉為其難地說：「處長，妳的指責是對的。抱歉，我沒有把業績做好。」

　　曉蘋：「想想四年前你剛進入公司，同仁都感受到你豪氣干雲的活力——」

　　鵬遠立刻插嘴苦笑說：「現在早已灰飛湮滅。」

　　曉蘋：「為何內心的熱情與渴望消退呢？我們身為主管，需要承上啟下，讓團隊當責。就像我參加高階主管會

報時，總經理都會再三提醒年度目標都是基於公司使命與願景，以及市場競爭狀況。如此激勵我們奔赴『挑戰性』的目標。」

鵬遠：「或許我是衝動小子，不懂得達成目標過程的方法吧！」

曉蘋：「你有沒有替目標設定一個『努力』的過程？我通常不會設定難以達到的目標，或是太過容易、不具挑戰性的目標。」

鵬遠：「我不懂什麼叫做『努力』，我只感覺每次目標對我而言都很困難。」

曉蘋：「的確，HARD 這個英文字代表『努力』、『挑戰性』，或『困難』。」

這是學者馬克・墨菲（Mark Murphy）稱之為『硬目標（HARD Goals）』。他把 HARD 這四個英文字母分別解讀：

★ Heartfelt：找到內心熱切的渴望

★ Animated：生動地描繪出對目標的想像

★ Required：啟動非達成不可的急迫感

★ Difficult：設定挑戰極限的高難度目標

當鵬遠離開處長辦公室後，他心有所悟在工作日誌上寫著：「我要勇於當責，迫切認同目標，是發揮自己的價值，如此才能激勵自己，設定挑戰目標。」

當責經理人會設定具有挑戰的目標，內心的成就動

機不斷鞭策自己，潛能就因此激發出來。建議可以運用 SIMPLE 工具，做好目標管理。[1]

SIMPLE 分別代表意義如下：

1. 設定期望（S，Setting）：被賦予責任之前，知道被期望要完成什麼任務。

2. 自我激勵（I，Incentives）：自我內在激勵，承諾達成挑戰目標，將會對「個人」及「組織」帶來具體好處與利益。

3. 強化動機（M，Motives）：用量化的目標，比對「期望」與「實際成果」落差，並瞭解胡蘿蔔與棍棒的「後果」。

4. 規劃策略（P，Planning）：藉由資訊的分享與交流，主管引導開啟「解決問題的討論」。

5. 學習成長（L，Learning）：工作中學習或教育訓練。

6. 評估成效（E，Evaluate）：回顧這些過程，績效檢視並總結成功與失敗的經驗。

「SIMPLE 當責流程」做好目標管理

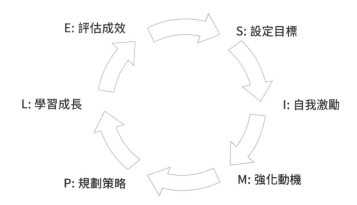

E: 評估成效　　S: 設定目標

L: 學習成長　　I: 自我激勵

P: 規劃策略　　M: 強化動機

★瞭解主管對自己的期待、明白績效評估標準。

★應與主管雙向溝通個人目標，尋求共識。

★認同目標，充分授權，才能發揮成就動機。

★質化目標如無法以量化標準衡量，也有其規範自律性。

★ SIMPLE 倚賴自我管理能力，當責的成就動機，全力以赴、交出成果。

（1）設定期望：Steve 是產品經理 PM，他被主管——產品總監 Levis 賦予責任——兩年之內要獲取 M 手機代理權。

（2）自我激勵：Steve 深知代理成功後能夠使產品業績攀升，如果不成功會讓競爭對手坐大，自己的產品線業績無法擴大提升。

（3）強化動機：Levis 告知 Steve 一旦達成目標與成果，將會對「個人」擁有成就感，以及對「組織」是金雞母獲利來源。

（4）規劃策略：Levis 藉由月報與產銷協調會議，與同仁更新資訊的分享與交流，彼此有效開啟「解決問題的討論」。

（5）學習成長：Levis 用量化的目標：正式高階會談與簡報次數，以及非正式聯誼次數，來檢視 Steve「期望」與「實際成果」落差。Steve 在工作中學習談判技巧，並由主

管指定參加「顧客關係管理課程」培訓。

（6）評估成效：經由回顧這些過程，Steve 透過工作日誌、業界聯誼打探虛實與虛心求教等三種方式，找出更有效應用當責的方式。

共好便利貼 🩹

1. 當責經理人會設定具有挑戰的目標，內心的成就動機不斷鞭策自己，潛能就因此激發出來。
2. 簡單就是硬道理，SIMPLE 當責流程，做好目標管理。
3. 用量化的目標，比對「期望」與「實際成果」落差，強化動機。

Memo

12

問對問題，
解決一半的問題？

如果我有八小時可以砍一棵樹，
我會花六小時把斧頭磨利！

——亞伯拉罕・林肯｜前美國總統

賣糖水？還是改變世界？故事發生在 1983 年，蘋果電腦的賈伯斯，力邀百事可樂總裁約翰，希望他加入蘋果電腦團隊，共襄盛舉。雖然祭出優厚薪酬，遊說多時，約翰始終猶豫不決。直到賈伯斯最後問了他：「約翰，你準備繼續賣糖水？還是跟我一起改變世界？」，終於說服約翰加入蘋果，擔任行銷職務，並且在八年內將營業額推升十倍。

　　我對於這個故事的領會：問對問題，問一個好問題，或可解決一半的問題。故事中當時位高權重的約翰，可能不願意離開舒適安逸圈，畢竟有不確定風險，但聽聞賈伯斯提出希望找尋夥伴一起改變世界，這種詢問對於約翰來說，充滿著極大激勵的成分。或許他隱約看到一幅未來美麗的圖畫：遠大的夢想。

　　這種會問問題的態度精神，也顯露在日後賈伯斯設計蘋果電腦時，他會發出疑問：為什麼電腦一定要安裝散熱風扇？進而開發改善電腦的散熱問題。

問對問題，解決一半的問題——兩大類的疑問型態

　　繼 2018 年 8 月 3 日，中國東北遼寧省爆發東亞首例的「非洲豬瘟」，秋行軍蟲的案例也入侵台灣，引起恐慌。

　　2019 年出現在中國大陸與台灣的秋行軍蟲，造成巨大

農業損失。自6月8日確認台灣第一起案例後，一夕之間全島風雲變色。短短一周內，全台各地皆發現幼蟲，而成蟲也在不久後大量捕獲。牠可以寄生在三百五十三種農作物上，我們也可試著用「問對問題」的方式，學習解決問題。例如：

★秋行軍蟲是什麼？秋行軍蟲真的可能隨著「西南氣流」入侵嗎？

★同樣是夜盜蛾屬，為什麼「秋行軍蟲」那麼恐怖？

★秋行軍蟲在台灣有天敵嗎？

★秋行軍蟲橫掃全世界，其他國家都是怎麼處理的？

★秋行軍蟲擴散後，對台灣的農業、生態有何影響？

兩大類的疑問型態：
描述現有領域 vs. 顛覆現有領域

如何問對問題，美國創新大師克雷頓・克里斯汀生（Calyton M. Christensen）提出兩大類的疑問型態，訓練自己隨時隨地提出疑問，觸發新的洞察、連結、可能性和方向：

（1）描述現有領域：什麼？什麼導致？

（2）顛覆性現有領域：為何？為何不？如果／若是，

會怎樣？

疑問練習

什麼？

什麼導致？
} 描述現有領域

為何？為何不？

如果 -----，會怎麼樣？
} 顛覆現有領域

疑問腦力
激盪？

　　我在擔任政府或企業內訓授課時，會請學員練習疑問
舉例，如下：

（1）描述現有領域：

★什麼是我們的顧客關心的議題？

★什麼是導致產品滯銷的根本原因？

（2）顛覆現有領域：

★為何開會時大家不願意發言？

★為什麼台灣機車與汽車數量不設限？

★為什麼智慧手機品牌的毛利率，蘋果獨佔絕大比例？

★為何台灣還是可以容許食物添加反式脂肪？

★為什麼台灣媒體只會嚴厲批評不會讚美他人？

★為什麼企業經理人過勞卻不敢休閒放假？

★為什麼不正視吸管與保麗龍濫用，造成海洋廢棄物的問題？

★為何不針對績效考核新制度實施獎懲分明？

★如果競爭者積極創新，我們的市場地位會怎麼樣？

★如果主管能勇於當責，擇善固執，部屬觀感會怎麼樣？

★如果部屬不能勇於當責，主管觀感會怎麼樣？

我受邀在法務部演講時，引導學員運用「疑問」找出問題所在：

★為何毒品進入校園現象日益嚴重？

★面對毒品氾濫犯罪率增，危害社會治安，「新世代反毒策略」如何有效防治？

★如果政府一口氣特赦三點八萬間的非法農地工廠「就地合法」，這樣對於合法工廠經營者花了多少心力一關關跑環評、符合建築法規，公平嗎？

★什麼是導致部分法官貪瀆的根本原因？

★如果辦案屢遭民代阻礙，司法尊嚴會怎麼樣？

★如果政府官員能勇於當責，擇善固執，民眾觀感會怎麼樣？

★如果政府官員不能勇於當責，民眾觀感會怎麼樣？

我也受邀在財政部演講時，引導學員運用「疑問」找出問題所在：

★政府潛藏債務十七點八兆，如何因應？

★什麼導致地下經濟蔓延猖獗？

★為何欠稅大戶可以逍遙法外？

★為何股市疲軟就要求調降證所稅、取消證交稅？

★什麼導致地方政府未能落實財政自我負責，主動積極開拓財源，導致自有財源比率偏低？

★為何部分地方政府為爭取補助款競提計畫，事前既未能縝密規劃評估可行性及計畫需求之過度擴張，在未籌妥財源前，即以舉借債務支應，惡性循環的結果，造成地方政府財政日益困窘？

★如果徵稅困難，屢遭民代阻礙，國家財政會怎麼樣？

★如果民眾濫用健保醫療資源，五年後健保會怎麼樣？

★如果百姓不能共體時艱，五年後年金會怎麼樣？

★如果欠稅大戶都可以逍遙法外，民眾觀感會怎麼樣？

★如果暢銷商店可以不開發票逃漏稅，一般商店觀感會怎麼樣？

★如果政府官員不能勇於當責，民眾觀感會怎麼樣？

★如果政府官員能勇於當責，擇善固執，民眾觀感會怎麼樣？

問問題，養成好奇心

小時候，坊間有一套叢書「十萬個為什麼？」非常吸引求學的學生。題目內容五花八門，包羅萬象，例如：彩虹怎麼形成的？海市蜃樓怎麼形成的？一般的竹子在哪些季節會長出竹筍？這些季節長出的竹筍，分別稱之為什麼？書中的問題與答案，滿足了孩子們的好奇心。

《遠見》雜誌 2014 年專題報導「以色列，教育就是不一樣」：「以色列的學校教育，老師鼓勵學生多問問題。孩子回到家中，媽媽關切的不只是分數，更關切的是孩子在學校問了哪些問題。這種習慣養成，讓學生長大後即便在社交場合，還是會喜歡抱著問問題的好奇態度，探索世界與理解他人。」

問問題背後這種好奇的態度，培養出獨立思考的能力，更勇於挑戰真理，讓只有八百多萬人的小國，二十年內誕生了十位諾貝爾獎得主。

案例：用心才能創新——以色列開創滴灌技術

以色列七成土地是沙漠，沒有充足的雨水，為了省水，因此，發展出「滴灌」（Drip）技術，把水直接送到植物根部，一點都不浪費水在泥土，不僅創造出 180 億年產值，還改寫農業灌溉定義。

在路旁你會發現樹下或花叢間多了一條條黑色的水管。這一條條水管透過內藏的特殊塑膠片，水會從黑色水管中一滴滴流出來，直接供植物的根部吸收，一點也不會浪費流到植物旁的土壤裡。因為「植物才需要水，土壤不需要，但大半的灌溉都把水浪費給了泥土，對植物沒有幫助」。

最著名的滴灌技術就來自耐滴芬（Netafim）公司。執

行長 Igal Aisenberg 帶領全球二千八百名員工、一年創造出六億美元（約合台幣一百七十四億元）營收。他說 1965 年時，因為集體農場需要水來灌溉農作物，在一個破裂的水管旁發現植物長得很好，一條破水管讓他們意外想出這種滴灌技術，省水又能讓植物生長，這就是滴灌的由來。

反觀台灣雨水充足，但每年幾乎都會上演缺水而休耕的事件，甚至搶水的事件。但這一切看在有七成土地是沙漠的以色列人眼中，實在難以想像。

（1）疑問啟發的創新思維
★問對問題，就可能解決一半的問題。
★觀察周遭環境，重點在於留意顧客的需求。
★辨察趨勢，實驗新產品或服務。
★訓練自己隨時隨地提出疑問。
★在問題中觸發新的洞察、連結、可能性方向。
★營造提出創造思考的支持鼓勵環境。

（2）為何找不出問題？
麥肯錫（McKinsey & Company）日本分公司的齋藤嘉則，在《發現問題的思考術》一書中提到找不出「問題在哪裡？」的四個原因：
★對「現狀」的認識、分析力不夠，未能真正掌握現

狀。

　　★無法釐清「落差」的結構，將問題的本質具體化，且無法排定先後順序。

　　★從可執行的「解決方案」倒回來想問題，所以看不到可能性。

　　★無法具體描述解決問題後的「理想狀況」。

　　（3）就算面對問題時，大多數人的做法是：

　　★沒有認真思考。

　　★單純把「一時的想法」，當作解決對策。

　　★單純只根據經驗判斷，不蒐集資訊與證據。

　　★解決問題的前提，事實上只是假設，沒有證實假設背後的根據。

　　因此，解決問題可以透過多問、多聽、多想、多嘗試、多觀察，培養好奇心與敏銳感。

共好便利貼 🩹

1. 找不到問題？沒有問題？有可能是最大的問題源。
2. 保持好奇關切，觀察周遭環境，營造提出問題的思考環境。
3. 在問題中觸發新的洞察、連結、可能性方向。

Memo

_____

_____

_____

第三章

團隊當責——

心往一處想，力往一處使

團隊當責 TEAM ── Together Everyone Achieve More.
釐清權責，隨時主動補位，人人有事做，事事有人管。
建立互信關係，追求挑戰與績效。
心往一處想，力往一處使。
利他合作，發揮綜效。
無論成與敗，都能成果共享，榮辱與共。

當責領導，
從建立信任開始……

教練就是跟你說你不想聽的話，要你看你不想看的事，
最後讓你成就你想成就的事的那個人。

——美式足球教練

我剛接任業務處長，帶領一個共有六十五人的團隊推廣電信加值產品，身負重任，心頭壓力之大可想而知。也因此常常發脾氣，恩威并施之餘，有時甚至拍桌指責部屬（因為我誤以為這樣的方式才能建立威嚴）。

　　為了充實業務團隊實力，某次在人力網站中搜尋到一位經驗豐富的應徵者，經過面談竟然是我失聯多年的軍中好友—清峰。相談甚歡之下，我邀請清峰加入團隊，擔任技術支援經理一職，清峰欣然接受。

　　任職三個月後，清峰漸入佳境。有一次中午我參與清峰團隊月報會議，大家邊開會邊吃便當。會議首先由清峰的部屬曉芳主任開始報告，我聽著曉芳的報告覺得不滿，嚴厲數落了幾句，接著聽下去更覺離題，情緒按捺不住，立即拍桌大罵曉芳。此一舉動讓所有在場成員驚嚇不已，會議也在肅殺氣氛中草草結束，不歡而散。

　　會後我回到辦公室，因為怒氣攻心，心臟略感不適，頭部也感覺神經刺痛。此時清峰敲門進來，他首先深感抱歉表達自己領導無方，讓我動怒；其次清峰也委婉勸我要注意身體，尤其吃飯發怒容易傷身。我稍解怒氣後也感謝清峰的建言。清峰接著表達想辭去工作的想法，我聽聞大感驚訝，勸說不已。怎耐千般情、萬般意慰留，再也改變不了清峰的甚堅去意。

　　事後我懊悔不已，跌坐在椅子上，陷入深深思考。我

想到管理大師彼得‧杜拉克曾經提醒經理人：「我們花了許多時間教導領導者做什麼，卻沒有花夠多的時間教他們不做什麼」。美國著名企業教練馬歇爾‧葛史密斯（Marshall Goldsmith）也在《UP 學》一書中，歸納了二十個主管常犯的錯誤，也是人際行為的領導缺失習慣，其中有幾個彷彿是直指自己的痛處，包括：

★生氣時發言：將情緒作為一種管理工具。

★惡言批評：出言嘲諷或給尖銳的評語。

★不能適時讚賞別人：不會去讚揚及嘉獎別人。

心想該是好好梳理自己情緒的時候了，解決事情之前先處理好心情。我告訴自己：「千金易得，一將難求」，不能再讓失控的情緒，毀掉團隊建立的信任了。

學者 Patrick Lencioni 在《團隊領導的五大障礙》一書中提到團隊領導的障礙從喪失信賴開始。一旦信賴喪失，成員彼此自以為是，接著出現的現象是：害怕衝突、缺乏承諾、規避責任、忽視成果。

共好，從當責開始

團隊領導的五大障礙

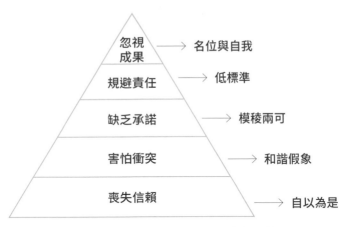

摘自：團隊領導的五大障礙　派屈克・藍奇歐尼／著

俗云：「吾心信其可成，則移山填海之難，亦有收效之期；吾心信其不可成，則反掌折枝之易，亦無成功之日」。發展團隊信任氣氛，是建設團隊品質的重大任務。信任是一種能力，不論在商業活動、日常生活，信任已經是一種社會約定俗成的基本要素。

團隊當責從建立信任開始，進而掌握衝突、做出承諾、負起責任、重視成果。

團隊當責

團隊當責金字塔（由上至下）：
- 績效 成果
- 當責
- 信守承諾
- 衝突磨合管理
- 信賴尊重
- 認同價值觀與使命感

摘自：團隊領導的五大障礙 派屈克 · 藍奇歐尼 / 著

共好便利貼

1. 喪失團隊信賴，成員害怕衝突、缺乏承諾、規避責任、忽視成果。
2. 高績效團隊當責，從建立信任開始。
3. 信任是一種能力，不論在商業活動、日常生活，信任已經是一種社會約定俗成的基本要素。

Memo

_____

_____

_____

14

主人翁心態，
消除三不管灰色地帶

一個人可以走得快，一群人可以走得遠。
If you want to go fast, go alone,
if you want to go far, go together.

　　　　　　　　　　　　——非洲諺語

設定挑戰目標，發展團隊高效率工作方式，有助於團隊品質提升。管理學者曾探討：F1 法拉利車隊，為何能夠屢創佳績？

　　法拉利車隊的後勤經理科特爾曾經表示，高速行駛的 F1 賽車必須適時更換輪胎，補充油料，所以進站維修時間長短是 F1 比賽的勝負關鍵。以法拉利車隊每次進站只需七～八秒，就可以完成所有維修的工作，而其他的車隊，往往要十秒以上，這個時間差距，就會造成比賽決定性的影響。

　　其次，每場比賽大約要運送三十五噸的物資，每一項物品、每一個工具，都有檢核的清單，都要有編號及固定的擺放的位置，透過這種精密的流程規劃，法拉利車隊才能夠以最快的速度完成各項前置作業，讓車手沒有後顧之憂。

　　此外，法拉利車隊中的加油手曾表示，為了能以最快的速度舉起沈重的加油槍加油，他每週得做三次重量訓練，而在每一次的比賽前，還要完成一百二十次的加油槍插拔練習。

　　由此可見：流程規劃細膩、分工設職明確、勤於練習不輟是成就 F1 法拉利車隊成功的秘訣。成功建立在團隊當責上：人人多做多看多問一點點，消除三不管灰色地帶，克服盲點，強化生產力。如此，成功就是必然的而非偶然。

（1）團隊當責，消除三不管的灰色地帶

負責──盡了「職責」，不多做、不多問，可能會產生三不管的灰色地帶

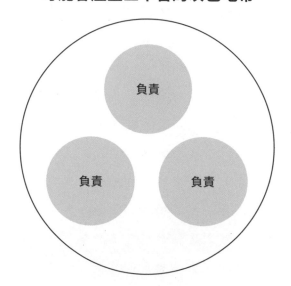

團隊當責──當責比負責多做一點，可以消除灰色地帶

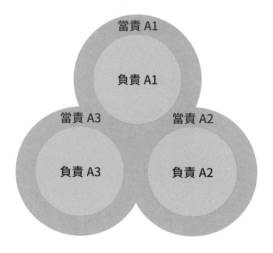

（2）團隊不能當責的結果：1+1＜2？抬轎人少，坐轎人多——社會惰化（social loafing）

看過《西遊記》嗎？還記得慈悲法師唐三藏率三徒兒：美猴王、豬八戒、沙和尚，駕著龍馬，他們經歷包括：大戰流沙河、三打白骨精、計奪芭蕉扇、智翻火燄山。萬里西行苦歷十四寒暑、九九八十一劫難，至終徑回東土，取回經典五千餘卷，五聖成真。

為甚麼四個才能、個性迥異的角色能夠在一起完成任務？除了「一個都不能少，今朝且看我」的分工設職，負責扮演不同的角色：美猴王的創新變化、豬八戒的開心果調和、沙和尚的沉穩附和，唐僧的執著願景和凝聚士氣。還要當責（多做一點），才能交出成果：發展自我（五聖成真）、完成任務（取回經典），也建立了團隊（功成行滿）。

團隊 team（together everyone achieve more）在我們既定印象裡 1+1＞2；但為什麼三個和尚沒水喝？為什麼夢幻球隊還是會打輸球？「水能載舟，亦能覆舟」。團隊既能產生綜效合力，也能引起混水摸魚，爭功諉過，造成團隊士氣低落，生產力降低。

法國工程師 M.Ringelmann（1913 年）研究發現，當一個人獨力拉繩，可達一百單位，但是當兩個人合拉繩時，卻只能達一百八十六單位，當三個人合拉繩時，更減為二百五十五單位，而當八個人合拉繩時，削減更多，只有

三百九十二單位。這種當團隊成員增多，個人付出相對減少，致使團隊的實際效能（actual productivity）與潛在效能（potential productivity）的差異現象被稱之為「連格曼效應」（Ringelmann effect）。

這種現象稱為「社會惰化（social loafing）」，也叫社會干擾、社會致弱、社會懈怠，這是一個社會心理學術語，指群體一起完成一件工作時，每個成員所付出的努力，會少於單獨完成工作時的現象，會造成生產損失風險。

「社會惰化」的潛在問題，例如：

★人多口雜，解決問題時耗時費力，有時要花費較長時間才會看得到收穫。

★意見領袖主導，團隊一致性壓力的形成，容易產生角色混亂而失控。

★過度保護成員或成員過度依賴團隊，可能引起某些成員的反感與懷疑。

★過度自我坦露的困擾，或產生代罪羔羊的現象。

總而言之，團隊當責，每個角色多做一點（one more miles; one more ounces），消除三不管的灰色地帶，才能發揮 1+1>2 的綜效。

共好便利貼 🩹

1. 團隊不願當責，抬轎人少，坐轎人多──社會惰化，可能 1+1< 2
2. 團隊當責，每個角色多做一點，消除三不管的灰色地帶。
3. 團隊既能產生綜效合力，也能引起混水摸魚，爭功諉過。

Memo

_____

_____

_____

15

ARCI 權責分明──

人人有事做，事事有人管

光有知識是不夠的，還要懂得運用；
光有願望是不夠的，還要有所行動。

──歌德｜著名德國作家

鐵民是一家設計公司的設計經理，他帶領的團隊多次贏得德國紅點設計大獎（世界四大設計大賽之一，有國際工業設計奧林匹克獎之稱）的大賞。接案接到手軟，因為他們獨特的設計風格，贏得眾多顧客的熱愛。其實在這背後有一個力量的火候支撐：是自我多年來磨練的創新思維與執行力。

　　鐵民有著獨具慧眼的簡約風格，還有從客戶導向出發的產品設計人性觀點，這都是鐵民引以自傲「贏的秘密」——創新壓箱寶。

　　除了設計理念，鐵民也有獨樹一格的領導風格：魅力、獨斷、嚴屬要求。此外，事必躬親的參與，不願放手授權，更讓鐵民的部屬苦不堪言，團隊中瀰漫著「報喜不報憂」、「多做多錯、少做少錯、不做不錯」的氣氛。團隊成員更懂得看主子風向球，謹慎發言，因寒蟬效應，最後開會變成一言堂。

　　終於在年初尾牙宴之後，團隊中的好手成員紛紛求去。於是他的日籍主管設計總監井上隆，開始與他有了一段對話：

　　井上隆：「鐵民，你的績效不錯，但團隊成員似乎不太滿意你的帶領，是嗎？尤其異常的離職率，原因是什麼呢？」

　　鐵民：「報告總監，我身為一個要求完美的設計主管，

非常注重品質與紀律。因此，我師法世界級的水準作為我的學習對象，所以，在我眼中實在容不下那些能力不佳甚或「混水摸魚」的成員。因此嚴厲要求緊盯細節，難道這也錯了嗎？」

井上隆：「鐵民，我瞭解你的求好心切，但要避免團隊中「混水摸魚」的現象，是否先替成員「分工設職，釐清權責」呢？否則部屬只能揣摩上意，無所適從。」

鐵民：「您的意思是——？」

井上隆：「會不會你只注意『績效卓越』，卻忽略了『部屬滿意』呢？

比如說：『分工設職，釐清權責』之後，『人人有事做，事事有人管』，才能避免『三不管地帶』與爭功諉過現象。此外，任務進行中，如果指正過錯時過於嚴厲，會損及部屬自尊心；論功行賞時也不要忽略了其他後勤支援成員的協力幫補。」

鐵民：「的確，這次的紅點設計大獎在五十六個國家、三千多件作品中，我們能奪下大獎，多虧團隊成員不眠不休的討論與製作，但在過程中我竟吝於給團員肯定讚美與鼓勵回饋。我常在大庭廣眾下羞辱部屬自尊心，忘卻『揚善於公堂，歸過於私室』，也是我必須深自反省檢討的。」

井上隆：「爾後你在專案進行時，可以試著運用『ARCI』釐清角色分工與職責，做好團隊當責的領導者。就像好牧

人懂得用杖竿指引群羊，到可安歇的水邊與豐盛的草場。」

鐵民：「謝謝總監提點，我領悟到，領導果效要能兼顧績效卓越和部屬滿意。當我把榮耀歸給團隊成員，他們就會把掌聲歸給我。我要好好善用『ARCI』！」

ARCI 中的 A、R 都隱含著「你辦事、我放心」的授權意涵，也是接班人傳承的磨練。不論是台積電的劉德音魏哲家、GE 的伊梅特（Jeff Immelt）、微軟的納德拉（Satya Nadella）等之所以能獨當一面，必定是被張忠謀、傑克·威爾許 Jack welch、比爾·蓋茲 Bill gates 等人欽點，並透過董事會同意且充分授權後，才能扮演好 Accountable 角色。

團隊當責 —— ARCI 角色與責任運作

	角色	責任
1.	Accountable 當責者	負起全案最終成敗責任者
2.	Responsible 負責者	Doers, 分工後的工作推動，實際執行完成任務者
3.	Consulted 事先詢問者	在「最終決定」或「行動」前必須諮詢者，請其提供建議 A 的顧問師或包含授權後的主管
4.	Informed 事後告知者	在「決策」之後或「行動」完成後必須告知的相關工作者

案例：角色與責任 ...ARCI... 運作

	角色	責任
1.	Accountable 當責者	PM 產品經理 Steve 引進 xx 的智慧手機，擬定價格與通路策略，KPI 當責指標為營業額、銷量、毛利與庫存水準
2.	Responsible 負責者	PM 專員 Tom 協助 Steve，另外業務部門負責通路實際銷售
3.	Consulted 詢問者	當遇到競爭者代理商價格戰時，Steve 詢問產品總監 Levis 因應策略
4.	Informed 告知者	告知訂單助理再追加 5000 台手機，因應暑假促銷檔期

案例：角色與責任圖解 ...ARCI... 運作

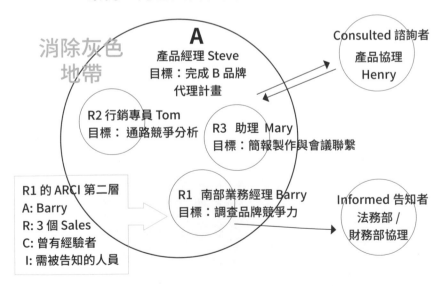

ARCI 矩陣責任圖

案例：某業務團隊專案計畫 -- 代理權爭取

人員 / 活動	Steve 資深 經理	Tom 行銷 專員	Henry 行銷 協理	Barry 業務 經理	Mary PM 助理
簡報 活動	A	R	C	C	I
會議 場地	C	A	I		R
高層 互訪	I		A		R
月報 進度	A	R	C	R	I
餐敘 活動	R	C	I	I	A
市場 參訪	I	I	C	A	R
代理權 細節	R	I	A		I

ARCI 矩陣責任圖：

（1）確認關鍵的專案或任務，或從未釐清角色責任的工作。

（2）不是所有工作都要 ARCI 矩陣，活用 ARCI 精神即可，否則簡單事麻煩做。

（3）水平分析（橫列）工作活動事項：一定要有一個

A 代表負全責主人翁（或授權後的委任）。如果沒有 R，意味灰色地帶三不管，可能有盲點。

（4）垂直分析（縱列）工作活動事項：個人或部門。如果承接太多 A，考慮主管有否適當授權？或可退居為 R 或 C。如果承接太多 A，每一個活動只能有一個 A，A 與 R 不必然有階級從屬關係：

★矩陣分工適用於較重大、複雜、權責容易混淆的計畫。

★矩陣分工將有角色與責任衝突，因此以 ARCI 事先籌謀，預作澄清。

★盡量將 A 和 R 派往可能的下一階層，避免能者「多勞」變成「過勞」。

★以當責概念，減少多層次輾轉報告，以及疊床架屋官僚組織。

★當責者要獲得適當授權，以「當責」概念形成的新文化。

共好便利貼

1. ARCI 隱含著「你辦事、我放心」的授權意涵，也是接班人傳承磨練。

2. ARCI 矩陣責任，可確認關鍵專案任務，或未釐清角色責任的工作。

3. 盡量將 A 和 R 派往可能的下一階層，避免能者「多勞」變成「過勞」。

Memo

_____

_____

_____

16

紀律規範是
執行力的根基

紀律不只是做到「遵守」，而是基於自覺。
做任何事之前能深思熟慮，所有的習慣養成，
經過自我鞭策後在內心形成約束性的效果。

——杜書伍｜聯強國際總裁兼執行長

我曾經任職一家知名通路公司，擔任產品經理，該公司有三個制度規範，令我難忘：

　　第一個經驗是：總經理希望負責行銷業務的男性同仁在服裝儀容方面，都能穿上「白襯衫」、「深色西裝」。剛開始我實在不懂為何要像軍隊一樣的制式要求，直到有一次拜訪經銷客戶，客戶告訴我：今天有很多廠商的業務來拜訪我，我只記得你們公司的業務有來過。因為他們穿得很整齊：「白襯衫」、「深色西裝」，讓人印象很深刻。後來我才知道這種身份辨識（Identity）可樹立公司鮮明形象，也是對於客戶的一種重視。我聽說阿瘦皮鞋的創辦人，早年替客人擦皮鞋一定要擦三遍，並穿西裝給客人送過去擦好的鞋子。

　　第二個經驗是：建立月報制度。從總機小姐到總經理，每個人都要透由月報嚴格虛心檢視自己的工作績效。那時我擔任資深產品經理，月報的內容分為：本月達成分析、差異性分析、下月達成預估、市場競爭分析、行銷策略、行動計畫方案、問題與支援。當你上台報告時，你的同事、部屬、直屬主管、副總、總經理等，都會蒞臨聆聽，壓力之大可想而知。

　　第三個經驗是：自我績效成長評量。透過一份包含二十個定性化題目的自我評量表，評量自己工作與行為方面的表現，自評後再與直屬主管做績效面談複評，如此每三個

月循環實施，作為主管輔導成員生涯規劃的參考依據。

這三項規範展現了嚴謹紀律，讓成員實踐自我管理，學習自我成長，也形塑了該企業的文化：「贏得信賴是一種責任，也是一種榮譽；雅納批評是一種智慧，也是一種勇氣」。由此可見團隊工作紀律是一切制度的基石。

（1）工作紀律（Work discipline）與規範是執行力的根基

組織中可能有四種人：everybody、anybody、somebody、nobody。例如，當主管希望 everybody（所有人）都能準時上班或開會，相信這是 anybody（任何人）只要有心，都能做到的；但總有 somebody（有些人）刻意或無法做到遵守。如果主管漠視這種現象，或唯唯諾諾不敢要求，久而久之，有樣學樣，導致 nobody（沒有人）願意準時上班或開會。

紀律（discipline）使人遵守行為規範，若沒有做到就予以懲罰，藉以控制自我行為。規範是約束和指導成員行動的標準、規章制度。團隊規範是成員的共同信念與行為的準則，讓成員確知在不同情境中，什麼行為可以做，什麼行為不能做。

如果規範形成共識，例如：人身攻擊、刻意疏離、諉過卸責、企圖不正當影響別人、遲到早退、壟斷會議、詭辯、不參與團隊決策等破壞性的行為，團隊就不應該容忍。

共好，從當責開始

（2）外顯性規範和隱藏性規範 [1]

團隊規範可分為外顯性和隱藏性規範。下面是兩個案例。規範紀律的要求是一種變革，力場分析指明變革過程有兩種力量在較勁：驅動力和抑制力。

案例 1：常見的團隊的外顯性規範

1. 團隊中不說粗話及惡意的謾罵
2. 發言不涉及人身攻擊
3. 開會必須準時到達
4. 不以投票解決所有的問題
5. 所有成員到齊才開會
6. 開會時聽完別人意見才舉手發言
7. 不在背後散播對他人的毀謗、惡意批評

案例 2：常見的團隊的隱藏性規範

1. 團隊中每人積極主動參與
2. 直接稱呼對方名字或他可欣然接受的綽號
3. 開會每人有固定座位
4. 主動替大家服務或倒茶水
5. 用小卡片肯定讚美或激勵
6. 見面時互相打招呼、問好或微笑
7. 成功完成任務後積極表達慶祝

規範紀律 ：變革的驅動與抗拒

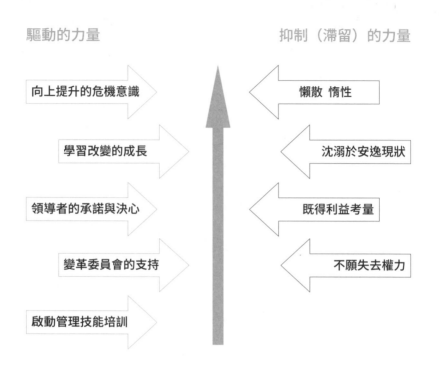

驅動的力量   抑制（滯留）的力量

向上提升的危機意識   懶散　惰性

學習改變的成長   沈溺於安逸現狀

領導者的承諾與決心   既得利益考量

變革委員會的支持   不願失去權力

啟動管理技能培訓

（3）團隊規範建立的方式

　　規範制定依據團隊目標和任務來確定，可參考採用如下方法，例如：重大的事件、首例、延續過去的規範行為、成員明白的期望與表示、問卷收集訊息、其他意見表達管道等。

共好，從當責開始

共好便利貼 🩹

1. 紀律規範的良窳，可以影響組織中的四種人：everybody、anybody、somebody、nobody.
2. 紀律不只是做到「遵守」，而是基於自覺。
3. 紀律規範讓成員確知在不同情境中，什麼行為可以做，什麼行為不能做。

Memo

_____

_____

_____

1. 隱藏性規範是心照不宣的默契，潛移默化。

17

對話激盪思維，
產生改變的力量——
世界咖啡館

心胸遠大者激盪想法，
資質平庸者討論事情，
心胸狹窄者道人是非。

——愛蓮娜·羅斯福｜前美國第一夫人

我在講授「創新思維與問題解決」，常會引導學員分組討論與發表，集思廣益，腦力激盪。但在分組討論時，有時會因既定小組成員的背景與素質，而影響討論的深度與廣度。此時可以考慮採用「世界咖啡館」的活動方法。

在 1995 年加州的的一場集會中，華妮塔・布朗（Juanita Brown）和大衛・伊薩克（David Isaacs），共同發現了一種集體智慧匯集方式，稱為「世界咖啡館」（The World Café）。這也是組織學習大師彼得・聖吉推崇的「體驗集體創造力」學習法。

世界咖啡館的參與者不是為了喝咖啡而聚集，而是透過討論流程，帶動同步對話、分享共同知識，有效為焦點議題創造新的意義以及各種可能，進而找到新的行動契機。進行方式與操作原則如下：

★以四至五人為一桌，邀請來自不同領域的朋友，選定議題，展開輪番對談。每一桌在簡單的自我介紹後，各選出一位桌長及紀錄，鼓勵參與貢獻意見。

★營造愉悅的空間，讓人覺得舒服、有安全感、勇於表現自己。

★討論一定時間後，桌長保持不動，其他組員移至各桌。

★由另一桌的桌長介紹前一輪的結論，並以此為基礎進行更深入的討論，交互激盪並連結不同視野。

★諦聽並凝聚共識；分享收成與創新。

世界咖啡館的七個操作原則

分享收成與創新 · 確定目標選定參與者 · 諦聽並凝聚共識 · 世界咖啡館 · 營造安全感 · 交互激盪不同視野 · 探索關鍵議題 · 鼓勵人人發言

摘自「世界咖啡館」
(The World Cafe)：
華妮塔·布朗 (Juanita Brown)

　　企業組織在選定主題時，可以關連策略、工作執行或績效改善等議題，例如：

　　★為何學員參與管理培訓時，發言不主動積極？如何改善？（可從學員學習動機、課前準備、主管要求、課後測驗評量、心得報告等思考）

　　★為何成員參與會議，屢見遲到現象？如何改善？

　　★為何事業部產品 A 的市佔率下降一成，如何擬定改善策略？

　　★為何跨部門溝通，各自為政或破壞性衝突不斷？如何改善？

「梅迪奇效應」──跨界思考的技術

　　三個臭皮匠不見得勝過諸葛亮，除非懂得方法，集思廣益。就像「梅迪奇效應」（The Medici Effect）一書強調：跨界思考的技術，改變世界的力量。作者法蘭斯・約翰森（Frans Johansson）提及：善於創新發明的人聚集在一起，進入了「異場域碰撞的交會點」，在那裡找到新構想，改變了世界，這個交會點就是不同領域和文化的構想交流與激盪，最後引發傑出新發現不斷湧現的地方。

　　就把交會點所發生的新構想層出不窮現象，稱為「梅迪奇效應」（The Medici Effect）：這個名詞源自於文藝復興時代的義大利，經營銀行業的梅迪奇家族，架構了一個有利各種活動進行的平台，促成創意勃發的現象。

　　我想，如果「世界咖啡館」討論的議題是「2025 年的美好願景」，那麼再善用「梅迪奇效應」，聚集文學、科學、藝術、企業等其他領域人士，討論過程一定很豐富，處處都可看到「交會點創意」的激盪，這樣把不同觀點結合在一起，進而獲得重大的突破。

　　這是一個分享、利他與合作的年代。前 Google 全球副總裁李開復也指出，廿一世紀最需要的是跨領域的綜合性人才，從事熱愛的工作並將理論與創新結合運用。例如，

全球十大創意公司之一的 IDEO 公司，協助他們的客戶創造了蘋果電腦第一隻滑鼠、拍立得相機、滑行變速自行車、英特爾行動解決方案、美國銀行「保存零頭」服務等。

為什麼這家公司能夠發想創新的思維，解決客戶的難題呢？因為在 IDEO，除了設計專才之外，還結合人類學者、說故事專家、工程師、藝術家和其他領域的專家，組成的跨領域整合團隊，一起在創新小組裡工作。每個成員從不同觀點來想像這世界，才能激發解決方案，驅動創新和成長。

這種多元人才的團隊組合稱為全腦思維（whole-brained）：讓團隊擁有左、右腦發達的成員。

★左腦發達：邏輯、分析、紀律等理性思維。

★右腦發達：說故事、破冰、幽默感、同理心等感性情懷。

共好便利貼 🩹

1. 「梅迪奇效應」：「異場域碰撞的交會點」，跨界思考的技術。
2. 交會點就是不同領域和文化的構想交流與激盪。
3. 「世界咖啡館」是透過對話、分享共同知識，進而找到新的行動契機。

Memo

_____

_____

_____

18

QQTR 資源協商，
「全員行銷」價值鏈分工

為你的人生創造最崇高、最宏偉的願景，
因為你將成為你所相信的。

——歐普拉｜電視主持人、慈善家

穀倉裡，住著一群快樂的老鼠，因為穀倉的穀子，吃都吃不完。老鼠每天晚上，在穀倉裡跑來跑去，好像召開運動會。於是，穀倉的主人找來一隻大黑貓。大黑貓神出鬼沒，動作靜悄悄的。老鼠根本不知道貓在哪裡，一發現時，就是一陣尖叫，然後同伴就被貓抓走了。幾天下來，弄得老鼠們很緊張，都沒好好吃一頓，個個餓得發慌。所有的老鼠，全躲在地洞裡，有的坐著、有的躺著、有的撐著下巴，就是想不出辦法。

　　突然，有隻年輕頑皮的老鼠說：「如果我們在貓的脖子，掛上一個鈴鐺，貓來了，鈴鐺就會響，我們就可以逃跑了。」地洞立刻響起一陣如雷的掌聲，大家七嘴八舌的討論，說這是有創意的想法。

　　一隻年長的老鼠，張開沉思的眼睛，說：「誰去給貓兒掛鈴鐺？」地洞裡一片安靜，誰也沒有再說話。

　　「誰給貓咪掛鈴鐺」這個寓言故事，啟發多方聯想解讀。在此我隱喻：專案任務執行時，需經過雙向或多方溝通，才知道可行性與問題所在。進而分配調度所需支援（support）或資源（resource），確保任務順利達標。

跨部門合作為何失敗？

　　日前我給一家客戶講授「客訴處理與銷售談判」，學員來自品管與業務兩個部門，且透過台灣、越南、昆山、深圳等四地進行視訊授課。學員提出跨部門合作的溝通困境，我首先引導學員討論「跨部門合作的失敗原因」，獲得如下意見：

跨部門合作的失敗原因

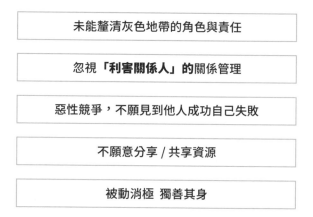

未能釐清灰色地帶的角色與責任

忽視**「利害關係人」**的關係管理

惡性競爭，不願見到他人成功自己失敗

不願意分享 / 共享資源

被動消極 獨善其身

　　究其因在於心態。跨部門合作的失敗原因，其一是：見不得別人比自己好；其二是：多做多錯的怕事心態。心態源於思維：思維不翻轉，結局就翻盤。如果思維不變，就會找藉口、怪罪或嫉妒他人的資源比我們多。

共好，從當責開始

（1）資源靠實力爭取，不是等候來的──　QQT ／ R 協商，目標明確化

跨部門合作時，人人都想建立功勞，然而資源是有限的。資源爭奪時衝突齟齬在所難免，但資源是依據「目標」執行困難度，積極爭取來的，不是排隊等候天上掉下來的。在訂定目標時，QQT ／ R 是一種雙向協商的「當責」，彼此獲致協議：

★在什麼時間限制（T）下？

★必須交出什麼品質（Q）的產品或服務？

★達到什麼數量（Q）標準？

★在此同時，上司也承諾給予多少資源（R）？

（2）「全員行銷」價值鏈──共存共榮的「顧客關係管理」

接著我跟學員分享「全員行銷」（full marketing），共存共榮的「顧客關係管理」，並輔以麥可・波特（Michael Eugene Porter）於 1985 年提出的價值鏈（Value chain）說明。

價值鍊——全員行銷的顧客關係管理

支援活動	企業組織結構—財務 / 法務 / 總務等				利潤
	人力資源管理　績效薪酬				
	技術研發與管理創新				
主要活動	採購與進料	製造生產品管	成品配送	行銷與銷售	服務與售後

　　全員行銷意即：各部門統一以「市場」為中心，以顧客為導向開展工作，實現行銷主體的整合性。盡量為顧客創造最大價值，使顧客滿意度最大化。它的精神在於：人人行銷、事事行銷、時時行銷、處處行銷、內部行銷、外部行銷，本質是「感動服務」，創造「好感」體驗，讓客戶為我們瘋狂癡迷。

　　其次，波特提出價值鏈，企業要為其商品及服務創造更高「附加價值」，發展獨特競爭優勢，而此一連串的增值流程，就是「價值鏈」。

　　價值鏈主要分為：

　　★主要活動（Primary Activities），包括企業的核心生產與銷售程序。

★支援活動（Support Activities），包括支援核心營運活動的其他活動，又稱共同運作環節。

因此，所有參與主要與支援活動的各部門人員，都是一根鐵釘，對共存共榮的「顧客關係管理」而言，「一根鐵釘都不能少」。

(3) 價值鏈分工合作，當責者要創造更高「附加價值」

★價值鏈分工合作，可善用「ARCI原則」，劃分權責。

★對目標有強烈的企圖心和紀律，發揮的影響力，可促成團隊順暢運作。

★有能力去「影響」別人，而非「控制」別人。

★先勇於負責，權力自會日積月累。

共好便利貼

1. 根據目標困難度、實力與積極度，爭取分配調度所需支援或資源。
2. 跨部門合作失敗：見不得別人比自己好、多做多錯的怕事心態。
3. 「全員行銷」做好「顧客關係管理」，發揮團隊當責的價值鏈。

Memo

_____

_____

_____

第四章

組織當責——
建立當責文化，展現行動成果

商業競爭將引發一連串的組織學習與自然淘汰，
組織面臨競爭環境，如何逆境致勝，迎向挑戰？
驅使成員保持危機意識，以創新啟動貢獻，
以「有心、賦能、授權、當責」，
培育激勵人才，建立當責文化，展現行動成果。

19

有心——

解決事情之前，先處理心情

一個人從未犯錯，
是因為他不曾試過新的事物。

——亞伯特・愛因斯坦｜相對論之父

春寒料峭的早晨，享用咖啡早餐總會有一股小確幸。尤其街角那家小而美的連鎖咖啡店，近來之所以成為我偏愛的首選，是櫃臺有一位服務員，臉上總是流露陽光般的燦爛笑容。那種溫馨甜美笑容，在這重度缺乏愛的社會實在少見，也說服自己一去再去。

　　今天早上再度造訪，卻不見那位可人兒。看到櫃臺換了幾位服務員手腳依然俐落，卻都一臉嚴肅，沒有笑容，彷彿心有千千結。我心想，是否一大早店裡播放的饒舌音樂讓他們心浮氣躁？或是過勞的工時讓他們身心俱疲？還是團隊伙伴彼此相處不佳，工作中找不到快樂的因素與意義呢？真希望幫她們找到沈悶的理由。納悶之餘，心想「山不轉，路轉」，於是我改用溫馨親切的話語跟他們點餐，讓他們也有好心情樂在工作，畢竟當天排隊等候的顧客也多，我也私心希望趕緊順利取餐。

　　用餐之餘，我心想：親切的態度與笑容，難道不是人與人之間最短的距離嗎？但要自然流露的確不容易。這雖屬人格特質的一部份，相信也可以透過服務的教育訓練養成。當這家咖啡店的品質、價格定位、C/P 值漸具競爭力之時，如果他們的「笑容」可以再展現，相信服務一定會加分，畢竟「溫度與情感」終將致勝。快樂的員工，自然能流露親切的服務態度，讓顧客滿意，帶來死忠顧客。

　　接著，我突然有一個更深層的想法：或許顧客早已被

寵愛慣了，甚至變成挑剔難纏的顧客，是否也該將心比心，體諒那些終日辛勞的服務人員，扮演提供「溫馨的服務者」，友善地對待他人呢？

於是我開始學習：臉笑、嘴甜、腰軟、手腳快；期望在工作與生活中，也能將好心情帶給他人。有一首歌「what a wonderful world」，希望世界更美好，大家都能樂在工作、愛在生活。

思維不翻轉，結局就翻盤。畢竟在享受與提供服務過程中，人際互動會彼此影響。同理心改變心態，才能扭轉行為，我很渴望下次去那家街角的咖啡店，也能夠帶給他們陽光般的燦爛笑容。

(1) 成員有心，主管放心──心連心，點燃成員熱情

「有幸福快樂的員工，才有滿意的客戶！」例如，永慶房產集團致力打造「聰明工作，健康生活」幸福職場，鼓勵同仁積極運動健身紓壓，不僅可以釋放工作壓力，更在運動中培養團隊精神及同事間的默契。

《哈佛商業評論》報導在一項蓋洛普（Gallup）意見調查中，員工自認投入程度高的組織，離職率比同業低了百分之二十五～百分之六十五（取決於他們傳統上是流動率低或流動率高的組織）。投入程度高的組織，他們在生產力和顧客滿意度方面也較高。

當責，強化執行力三面向

因此，蓋洛普發展一個所謂「Q12 測評法」（The Gallup Q12）：它包括十二個問題──透過詢問企業員工十二個問題，來瞭解成員的滿意度，包括工作環境、主管對部屬的培育與激勵等。

★在工作中，我有機會做最擅長的事。

★我會認真準備做好工作所需的資源和設備。

★在過去一年，我有機會學習和成長。

★我需要知道主管對我的期望。

★我的主管或同仁關心我。

★在工作中，我至少有一位可以溝通談新的好朋友。

★工作中有人鼓勵我的發展。

★在過去六個月中，主管跟我談到績效表現與進展。

★我的同事也致力於認真工作。

★我發表的意見不一定被接受，但會受到重視。

★我的工作執掌與團隊使命，對我很重要。

★在過去七天，我曾因工作表現而得到肯定和表揚。

（2）工作日誌的執行，記錄事情也抒發心情

員工優先，以客為尊；快樂的員工，才會帶來滿意的顧客。讓員工樂在工作、愛在生活的簡單方法是：寫工作日誌，簡單就是硬道理。工作日誌包含：事情加上心情，理性感性兼容並蓄，兩者適時得以抒發，人格發展才會健全。

案例：工作計畫日報表　　　　日期：5/27

今日工作摘要：
1. 整理業訪紀錄表 2. 升遷報告
工作心得： 今日客戶服務未能做好，導致客訴抱怨，感到挫敗沮喪的壓力。但我願意虛心受教，反躬自省，我不服輸，不可陷入受害者循環，一定要當責逆轉勝，證明給主管看我行。

明日待辦事項	
緊急	**重要**
1. B 經銷商退貨處理 2. Alan 欲離職之挽留面談 3. 整理副總的簡報資料	1. 月報準備 2. 拜訪 A 經銷商 3. C 經銷商客訴處理

工作日誌的遂行，日積月累就見成效。《道德經》第六十四章提到：「合抱之木，生於毫末；九層之台，起於累土；千里之行，始於足下。」意即：合抱的大樹，生長于細小的萌芽；九層的高臺，築起於每一堆泥土；千里的遠行，是從腳下第一步開始走出來的。

共好便利貼 🩹

1. 員工優先，以客為尊；快樂的員工，才會帶來滿意的顧客。
2. 投入程度高的組織，他們在生產力和顧客滿意度方面也較高。
3. 工作日誌的執行，記錄事情也抒發心情，日積月累就見成效。

Memo

_____

_____

_____

20

賦能——
月報制度，貫徹高績效的日常執行力

贏得信賴是一種責任，也是一種榮譽。
雅納批評是一種智慧，也是一種勇氣。

我曾任職聯強國際（SYNNEX）公司，擔任資深產品經理，負責通訊產品行銷。公司有一個月報制度，至今依然印象深刻⋯⋯

月報制度是虛心檢視自己的工作績效，並簡報。方式嚴謹，不是隨便寫一份資料交差了事。透過一層一層分析，像剝洋蔥一樣，一直剝到問題的核心。那時以我產品經理的月報內容概略分為：本月 KPI 達成狀況、差異性分析、下月 KPI 預估、市場競爭分析、行銷策略、行動計畫方案、問題與支援等。當我上台正式簡報時，總經理、副總、直屬主管、同事、部屬等，都會齊聚聆聽（壓力之大，可想而知⋯⋯）。

而我最大的收穫是：

★在分析指標差距過程中，當責自我檢視，如此才能持續成長而不混亂。

★經驗歸納與分享，透過客觀數字表達，探討成功與失敗的關鍵因素。

★提出因應對策，整合跨部門資源與心智，凝聚共識，奮力出擊。

月報制度——匯集公司整體力量

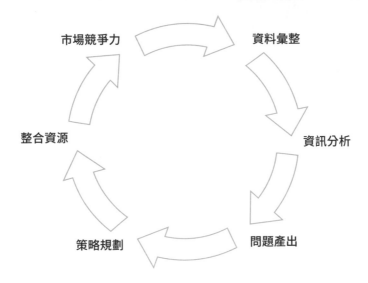

當時的總經理，也是目前聯強總裁杜書伍說：「我們公司的主管要管大事，也要管小事，細節才是最關鍵的地方。」月報是一種訓練系統性思考、結構性分析的能力。可以讓管理的張力貫穿到組織的神經末稍。

★月報會議也具有目標管理的作用，聯強每個部門都會訂 KPI（關鍵績效指標），而 KPI 必須持續追蹤，訂定 KPI 才有效果。

★透過月報會議對策略、市場、品質、費用、成本等各項營運 KPI 的檢討，讓主管對目標達成度獲得即時了解，做為績效管理的參考。

共好，從當責開始

★月報會議累積相當多的報告資料，會放到公司內部網路的資料夾，員工都可以透過網路，取得許多有用的資訊和 know-how，發揮了知識管理的效果。

★練習分析問題、找答案都能有條有理、追根究底。

月報規範除了展現嚴謹紀律，讓成員實踐自我管理，更可以透過數據背後探測隱而未現的問題。如《道德經》第六十四章所言：「其安易持，其未兆易謀。為之於未有，治之於未亂。」任何事物安定時容易保持和維護，事態平靜時容易圖謀。因此事情要在它尚未衍生危機以前就處理妥當，企業經營應也是如此。

杜書伍總裁在 2011 年接受《Cheers》雜誌專訪，談到月報制度，讓「危機意識」貫穿到組織神經末梢。將看似複雜「把事做好的眉角（訣竅）」，精簡成「掌精髓、建架構、長筋肉」這九字訣。

他說：擔任開創性（中高階）主管負責無中生有，掌精髓是部門功能的定位、建架構是部門運作的方式、長筋肉則是細部作業。執行性（基層）主管，因為東西都有了，但不是所有事情都他去做，所以他要「學習精髓」、「掌握架構」，帶著人家不斷去做，去「改善筋肉」。執行性的人員（基層員工），則是要「理解精髓」、「理解架構」、「學習筋肉」。

月報訓練自我成長，也落實企業的文化：「贏得信賴

是一種責任，也是一種榮譽；雅納批評是一種智慧，也是一種勇氣」。由此可見制度的紀律是實力的基石。

共好便利貼 🩹

1. 月報是一種訓練系統性思考、結構性分析的能力。
2. 讓管理的張力貫穿到組織的神經末梢。
3. 制度的紀律是實力的基石。

Memo

_____

_____

_____

21

當責文化，發展組織「正面行為指標」

無形比有形更重要，用無形資產盤活有形資產，
要靠人來實現。只有先盤活人，才能盤活資產，
而盤活人的關鍵就是更新觀念。

——張瑞敏｜海爾集團創辦人與執行長

1984 年張瑞敏騎著腳踏車，到青島電冰箱總廠出任廠長，他心情忐忑不安，因為這個工廠已經虧損人民幣一百四十七萬元，前幾任廠長因業績不振而紛紛去職，這次再救不起來，工廠只有倒閉一途。

　　有一天，他的一位朋友要買一台冰箱，東挑西撿地發現很多台都有毛病，都不滿意，最後不得已勉強買走一台。事後，張瑞敏立刻派人把庫房裡的四百多台冰箱全部檢查了一遍，發現共有七十六台品質不合格，存在各種各樣的缺陷。於是，張瑞敏把員工們叫到車間，問大家怎麼辦？

　　大家面面相覷，拿不定主意。有人提出，乾脆便宜點兒賣給員工算了。張瑞敏說：我要是允許把這七十六台冰箱賣了，就等於允許你們明天再生產這樣有缺陷的冰箱。於是他宣佈，要把這些冰箱全部砸掉，誰幹的誰來砸，並掄起大錘親手砸了第一錘！很多職工砸冰箱時流下了眼淚。

　　在接下來的一個多月裡，張瑞敏發動和主持了一個又一個會議，討論的主題非常集中在「如何從我做起，提高產品品質」，三年以後，海爾人捧回了中國冰箱行業的第一塊國家品質金獎。

　　那一柄大錘，伴隨著那陣陣巨響，彷彿砸醒了海爾人的品質意識——有缺陷的產品，就是廢品！

　　海爾人砸毀七十六台不合格冰箱的故事從此就傳開了！據說那把著名的大錘，海爾人已把它擺在了展覽廳裡，讓每

一個新員工參觀時都牢牢記住它。

有缺陷的產品，就是廢品！

海爾人砸毀冰箱的故事，樹立品質的危機意識，無怪乎在 2019 中國家電及消費電子博覽會（AWE）上，海爾「無塵」洗衣機驚豔亮相，顛覆百年行業傳統的雙桶結構設計。海爾展出的一台洗衣機特別引人關注，因為無外桶的設計讓參會者都驚訝不已，徹底解決髒桶的難題，實現「零清洗」。

《哈佛商業評論》也專文報導：二十人的海爾大學，讓七萬員工變創業家。

海爾大學並不是學術單位，不是企業內訓單位，而是創業育成中心、新創培訓平台。它有兩大業務，一個是必須與外部學習機構競爭的「資源鏈接平台」，另一個是提升小微、創客人員的創意能力，服務對象也已延伸到外部。

發展組織的「當責正面行為指標」

海爾人砸毀冰箱的故事：有缺陷的產品，就是廢品！這個信念就是當責的行為指標。標舉當責正面行為指標，可塑

造當責文化。例舉如下：

★方法總比問題多，不找藉口找方法。

★消極的「事後究責」，提升到積極的「事前承擔責任」。

★行有不得，反求諸己──有問題先檢討自己。

★自我設定高標準的 「個人期望挑戰值」。

★以身作則，活出「誠信正直」的行為。

★敢於要求，避免「唯唯諾諾」的領導行為。

★接受變革與建設性的衝突。

★做事前站在制高點思考，以團隊、公司的利益為重。

★溝通、溝通、再溝通─不放棄任何的積極協調。

★當仁不讓，責無旁貸。勇於承擔，對自己的行為負責。

當責在組織的實踐層面可包含：個人當責、團隊當責、組織當責。

共好的當責力

海爾「人單合一雙贏」的激勵

2018 年我主持「亮點一二三讀書會」廣播節目時，曾訪問任教於台灣大學管理學院商學研究所的陳家聲教授，導讀介紹《人單合一管理學：海爾轉型深度解讀》一書。陳教授曾參訪海爾企業，當面聽了創辦人張瑞敏分享：

「人單合一雙贏」模式中，「人」是員工，「單」不是狹義的訂單，而是第一競爭力的市場目標。「合一」是每個人都有自己的市場目標，「雙贏」是在為用戶創造價值的前提下，員工和企業的價值得以實現。特點就是：把人和市場結合起來。「人單合一」就是每個人都有自己的訂單，都要對訂單負責，而每一張訂單都有人對它負責。人的素質越高，訂單品質越高。

陳教授說海爾主要做了一件事：流程再造。歸結起來有兩個轉型：

一是商業模式的轉型，就是從原來傳統商業模式轉型到人單合一雙贏模式。

二是企業的轉型，就是從單純的製造業向服務業轉型，從賣產品向賣服務轉型。

海爾集團「6S 大腳印」的激勵

張瑞敏常喜歡引老子《道德經》，「天下萬物生於有，有生於無」做為海 爾管理文化的核心。張瑞敏說，「無形比有形更重要，用無形資產盤活有形資產，要靠人來實現。只有先盤活人，才能盤活資產，而盤活人的關鍵就是更新觀念。」

海爾集團管理模式，其中有一項日日高（木桶原理）每日晨會，待加強的員工，站在「6S 大腳印」上，分別聽取班組長改善建議批評，或鼓勵表現優異的員工站在上面發表創新作法，讓員工從被動的「要我做」行為，轉變為「我要做」的自主創新。

「6S 大腳印」的位置在生產現場，地面上有一個人的卡通腳印圖案。對面正是：整理、整頓、清掃、清潔、素養、安全，六個大字的標語。是海爾在 5S 的基礎上加了一個 S 即安全 (Safe)，形成了生產現場獨特的管理方法。6S 含義如下：

★整理：留下必要的，其他都清除掉。

★整頓：有必要留下的，依規定擺整齊，加以標示。

★清掃：工作場所看得見。看不見的地方清掃乾淨。

★清潔：維持整理、清掃的結果，保持乾淨亮麗。

★素養：每位員工養成良好習慣，遵守規則，有榮譽。

★安全：一切工作均以安全為前提。

張瑞敏說：「能滿足每位員工最深層的需求，不是金錢，而是自我價值的發現與實現。員工能翻多大的跟斗，海爾就搭建多大的舞台。」6S 大腳印的激勵，就好比變革過程中有阻力和助力，如果能讓大家「心往一處想、力往一處使」，最終提升做人與做事的品質，革除馬虎之心，養成凡事認真的習慣，績效提升自然水到渠成。

變革過程中的阻力和助力

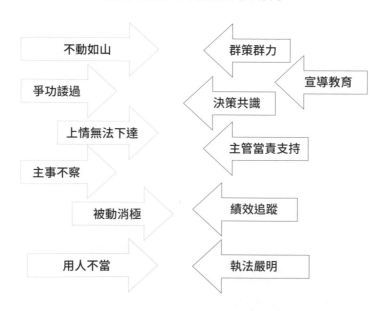

共好便利貼 🩹

1. 人的素質越高，訂單品質越高。
2. 讓員工從被動的「要我做」行為，轉變為「我要做」的自主創新。
3. 素養：每位員工養成良好習慣，遵守規則，有榮譽。

Memo

_____

_____

_____

22

願景領導，
從說故事開始……

領導者的兩個任務：在形勢一片大好時，
看到危機；在形勢一片不好時，看到契機。

——馬雲｜阿里巴巴集團創辦人

我曾受邀一家光電面板產業公司，進行兩天「會說故事的巧實力」培訓課程。學員為董事長帶領一級高階主管數十人，所以內容側重領導力。我先選用一個故事開場：

　　話說甲乙兩軍對峙已久，戰況膠著，雙方人馬各約一百人，他們研判必須搶佔山頭制高點，才能克敵制勝。山頭制高點位於兩軍陣地中央位置，距離等距，然而沿途路況崎嶇泥濘，必須靠行軍才能抵達，於是誰先登上山頭就成了決勝關鍵。

　　甲軍指揮官先曉以大義之餘，鼓舞士氣，告知部屬此趟任務攸關全軍存亡，意義重大。行軍過程如有體力不繼掉隊者，因全軍以大局為重，不能因小失大，故無法等候。因此立即整隊出發，軍令嚴明，恩威並施，日夜行軍甚為操勞，僅花了三天時間，順利抵達山腳下，隨後火速登上山頭，盤點只有八十人。

　　反觀乙軍指揮官宅心仁厚，體恤部屬，行軍過程走走停停，盡量配合部屬速度為主，如此花了四天，所有成員一百人才姍姍來遲，到達山腳下。但當乙軍全員在山腳下歇息納涼，遙望山頭之餘，此時只見甲軍那八十人，早已好整以暇地在山頭上架好一排排重機槍。乙軍驚恐之餘，還來不及躲避，就隨著一陣「噠噠噠噠……」掃射聲響起，乙軍一百人全軍覆沒。

　　故事說完，我請學員思考：兩軍指揮官的領導風格有

何不同？大家熱烈發表諸多觀點之後，我補充解讀：如果甲軍指揮官的領導風格代表的是「殘忍的仁慈」（全軍以大局為重，不能因小失大，故而殘忍犧牲二十人，仁慈保全了八十人），那麼乙軍指揮官則是「仁慈的殘忍」（仁慈配合一百人的行軍過程速度，最後卻換來犧牲一百人的殘忍結果，甚或可能因為輸掉一場戰役，而失去一個國家。）

　　接著再請學員思考：在團隊領導的過程中，我們是哪一種領導風格呢？於是我們共同得到的結論是：贏得部屬滿意就會受到歡迎，創造卓越績效才能受到尊敬。因此成功又有效的領導在於——績效卓越，部屬滿意。

你是哪一種領導者？部屬不好先看看你自己

	績效卓越	部屬滿意
A	O	O
B	O	X
C	X	O
D	X	X

會說故事的領導人——先說故事，再講道理

領導者傳統的說服方式：命令、說教、獨白、辯論；或許激不起夢想、行動與改變。相較於『先說故事，再講道理』，是激勵、影響與說服的最佳工具。說故事是人類天賦的本能，經由文字、聲調、表情和語言，能創造一個奇幻的情境。人們習慣於以「聆聽」及「領會」的方式獲得訊息，因此這個時代更需要用說故事的方式來溝通。

賈伯斯在 2005 年史丹福大學畢業典禮上，運用「串連生命中的點點滴滴」、「關於愛和失去」、「關於死亡」這三個故事贏得聽眾起立鼓掌二分鐘。領導者運用故事，讓聽者學習典範與標竿，領略管理與領導的啟示。

故事也是最有魅力的領導方式，好的領導者往往是說故事高手，在潛移默化中惕勵與教化人心。故事可以活化願景、凝聚共識，達到領導者設定的目標。

故事，在潛移默化中傳遞願景、惕勵人心

近年來我受邀至企業／組織進行「故事領導」、「故事行銷」培訓，建議組織可從下面線索，發展故事：

★我的故事（親身經歷）

★團隊的故事

★創辦人的軼聞趣事

個人「親身經歷」的故事，可從下面的線索尋找：

1. 在工作中曾經歷的一個難忘經驗。
2. 與顧客溝通或銷售時的挫敗或成功經驗。
3. 顧客曾經給我的一句話（激勵或警醒）。
4. 我曾經為工作所努力的一個獨特經驗（產品、服務、活動、品牌等）。
5. 我與主管或團隊成員在人際溝通中一個難忘經驗。

會說故事的巧實力（Smart power）

故事慢慢說，情感慢慢流，人生慢慢活。故事先說給自己聽，學習靜下心來，聆聽內心的聲音，寫下心情的點滴。這就是古人所說「定、靜、安、慮、得」。

故事，讓人會哭會笑，人生奏效！人生即故事，故事即人生。重要的是，人生要活對故事！故事中隱喻「英雄打敗敵人」，就是問題解決的過程。組織傳揚說故事的巧實力，可激發成員破冰、想像力、幽默感、同理心、正面思考等能力。聽完故事，領會對策與價值，打造共好文化。組織故事力的應用場合：

```
┌─────────────────────────┐
│        願景領導          │
└─────────────────────────┘
            ▽
┌─────────────────────────┐
│   說我們企業文化的故事   │
└─────────────────────────┘
            △

故事                              故事行銷

┌──────────────────────┬──────────────────────────┐
│ 1. 會聆聽故事         │ 1. 銷售故事（先說故事，再講道理）│
│ 2. 會分享故事         │ 2. 強化感性（變成可愛的人）│
│   （引爆、轉折、啟發）│ 3. 建立文化（收集故事，累積資產）│
│ 3. 會撰寫故事         │                          │
└──────────────────────┴──────────────────────────┘
```

　　★群策群力：會說故事的領導者「先說故事，再講道理」，引導危機意識與對策的說服。

　　★人資招募：說一個企業軼聞、趣事的故事，間接傳遞企業文化與價值觀。

　　★品牌故事：發想或研發過程挫敗或成功經驗、材料元素等。

　　多年來擁抱與喜愛故事過程中，感受「故事的力量」驅使我們成為一個「內容對」的人，進而氣質潛移默化改變、商品散發魅力、組織創新思維、社會同理關懷，生命中最美好的時刻天天降臨。深願故事「真善美」的力量，讓人生內容增添光彩！

23

價值觀領導力——

打造基業長青的基石

要淬鍊的不是事業的經營，要淬鍊的是心性，
因為 KPI 很容易比較，但 DNA 很難追尋。

——吳清友｜誠品書店創辦人

2011 年我受邀於台灣歐萊德（O'right 綠色髮妝品牌）授課。當天驅車前往位於桃園龍潭的總部，第一眼就被這座低碳、節能、環保又明亮綠的建築深深吸引，與員工攀談後，可以感受他們工作的幸福感。也得知這棟亞洲第一座綠色化妝品 GMP 廠房，取得鑽石級建築碳足跡認證的工廠。

接待的經理告訴我，歐萊德總部僅在室內溫度超過攝氏二十八度開啟冷氣，加上全區採用 LED 燈，全年共可省下約六萬 kWh 的電力，這樣的節能減碳成績，實在令人佩服。後來，我得知董事長葛望平的創業故事：

在 2002 年時開始創業，當時由於葛望平父母親因癌症過世，由於過度悲傷罹患了憂鬱症，後來念頭一轉：「我應該做點什麼，來讓生活有所改變。」 因為自己身體也屬於嚴重過敏體質，不想讓危害生命的致癌物繼續充斥在市場上，於是將品牌定位為「自然、純淨、環保」的綠色髮妝企業。每一項產品，均堅守無添加環境賀爾蒙、甲醛、染色劑、塑化劑、DEA 類增稠劑等八項化學物質，原料也皆遵循對環境友善的法則，像是用檜木粉磨成微型粒子，取代對海洋生態造成影響的塑膠顆粒（聚乙烯 PE、聚丙烯 PP）。

我聽聞後很感動，企業能秉持這種「己所不欲、勿施於人」的同理心，不就是企業當責的良知嗎？ 2019 年 4 月 22 日，第 50 屆地球日即將到來，企業意識「綠色環保」勢在

必行，對於產品包裝設計使用可回收材質、再生資源等永續經營議題更加重視。我更從品牌志網站，得知 O'right 更採用百分之百回收咖啡渣精粹出洗髮精內料，再利用回收混合 PLA 製成百分之百可生物分解的瓶器，並在瓶底置入台灣咖啡種子，用罄的瓶身埋入土終可以長出一棵咖啡樹。

葛望平董事長也曾分享的一個經歷：「有次在波蘭的記者會，一位罹癌的小朋友親自到現場來與我說謝謝，他原本是沒有頭髮的，用了我們的洗髮精後，又長出健康的頭髮，他的笑容讓我印象非常深刻。」

價值觀的領導力，來自歷史學到的教訓！

2011 年 5 月，台灣爆發添加塑化劑[1]黑心食品，食安問題令人觸目心驚。多年後，事過境遷，人們也很容易遺忘。因為，人們從歷史上所學到的最大教訓就是「人們，永遠不會從歷史學到任的教訓！」但是「當責」觀念不斷被呼籲時，才喚起人們的儆醒。因此除了食品安全，人們也關心重視與人體接觸的任何物品，是否有危害成分：如洗髮精、洗潔劑、牙膏、裝潢材料、餐具、玩具、汽車用品等。

以洗髮精而言，我現在選購的條件是：無矽靈、無色

素、無礦物油，不含酒精、人工色素、化學香精、SLS介面活性劑、SLES、Paraben防腐劑，什麼有害的化學物質通通都不加。因為一朝被蛇咬，十年怕草繩；消費者都學乖了。「一分錢、一分貨」都有可能造假，畢竟某些企業有可能為了追求高利潤、高成長，違法亂紀，鋌而走險使用低廉或有害的添加物。

價值觀的領導力，來自領導人的「以身作則」

王品集團創辦人戴勝益董事長，曾在集團內樹立的「龜毛家族」條款是企業價值觀的宣示，它不但規範了個人操守，甚至連同仁私人買車的等級都要求。其實背後有一段故事。

戴勝益說到：「多年前，有一位在王品洗碗的計時工歐巴桑，每天來四個鐘頭，一個月賺一萬元。這位洗碗媽媽不但做計時工，每次來上班還隨身帶一個布袋，沿路收被棄置的汽水罐，拿去賣。後來，這位歐巴桑有一天在路上撿拾汽水罐，不幸給車撞死了。」

這件事讓他開始思考，什麼是企業文化？「一個為家計營生到王品洗碗的歐巴桑，看到總經理開著百萬名車代步，會造成自身的自卑和公司內部的階級落差加大，這不

是企業文化，這是炫耀文化。」

當下，他把代步的賓士車賣掉、辭去司機，自掏腰包添購國產九十二萬的休旅車。戴董以身作則棄名車，讓其他一級主管也只好跟著效法，至少兩位主管也停開了賓士車。戴董說這件事情讓他對企業文化養成，有更深刻啟發。

　　　　　　　　　　　　共好，從當責開始

貼在牆上的是標語口號，行為落實才是價值觀

多年前去蘇州達運精密授課「高績效團隊建立」，看到他們教室有如下標語：

「我們的品質政策：客戶導向，持續改善，追求卓越，創造價值。」我們的四大特質：

★誠信：說過的話如鐵石

★品質：做過的事如磐石

★紀律：聽過的令如鋼石

★熱情：笑過的記憶如鑽石

兩天課程學員熱情參與、積極投入；並懂得欣賞他人、肯定自我。讓我印象深刻。牆上貼著的行為準則，在他們行為上體現出來了！

價值觀可以是「豆腐小白菜，各人心中愛」，但不希望我們變成「口號的巨人，行動的侏儒」。因為人們不會輕易相信我們所說的，他們還會「聽其言，觀其行」，看我們怎麼做。

IBM全球三十萬名員工中，高階經理人的總數僅有數千人，約占百分之一。其中特別強調「誠信」的價值觀，只要發生誠信有關的問題，IBM對於「高階經理人」的態度絕對是「零容忍」。因為這些經理人往往肩負重責大任，

領導整體組織或部門，「誠信」問題茲事體大，不可不慎。

組織念茲在茲，傳遞價值觀，領導力始得以建立。

培育人才的層級當責

個人當責　　　　　組織當責　　　　團隊當責

個人當責	組織當責	團隊當責
價值觀認可	公司卓越績效 人才招募系統	
能力養成	教育訓練	生產力
投入度提升	新人試用 / 工作教導	士氣
	績效考核 / 關懷面談	

共好便利貼 🩹

1. 價值觀的領導力，來自歷史學到的教訓！
2. 價值觀的領導力，來自領導人的「以身作則」。
3. 人們不會輕易相信我們所說，還要「聽其言，觀其行」，看我們怎麼做。

Memo

_____

_____

_____

1. 違法添加 DEHP，一種鄰苯二甲酸酯類塑化劑，原因是節省成本且有定香作用。

24

共讀文化，
啟動「學習型組織」

讀書會可藉由「批判性思考」，
對於觀點與標竿實務學習，
激發生產力與創造力，進而強化策略與執行力。

秀美擔任一家美商公司的主管，帶領一個約十人的團隊開拓業務。這一天她看到報載台積電張忠謀先生勉勵青年學子要具備三種能力：「謀生的一技之能、邏輯思考的能力、終生學習的能力」，她趕緊隨手記載筆記本上，要與團隊同仁分享。

秀美深覺「自我充實」、「團隊學習」的重要性，因此與我聯繫規劃讀書會。我們先選定了「動機，單純的力量」這本書，順水推舟地推動了「讀書會」。

我建議她不妨取一個有活力的讀書會名稱，讓大家感覺鮮活有趣。例如：Let's share、真情告白、moment of truth、灌溉耕讀園、樂在閱讀、充電時光、快樂鳥、Aha！等。此外我建議讀書會引導人，可聚焦下列三個問題：

★輪流分享閱讀本書的過程（心得、經驗或觀點；主持人先分享）。

★一句話或章節、或批判性的問題（盡信書不如無書）。

★提出一個實用性的運用。

於是，他們成立了十二個人的主管層級讀書會，進行方式規劃如下：

★透過團隊學習方式，分享個人閱讀觀點，並與工作實務做結合。

★總計五次，每次進行兩小時，建立一個「安全、開放」的討論環境。

★原則上分成三組，每組取一個振奮人心的「小組名稱」。

★每次（總計五次，約半年時間）每組輪流推選小組長，做為每次小組召集人。

★閱讀單元分為五個部分，每次「聚焦」一個部分（但不限定閱讀進度超前）。

★每次每個小組長指定一人做為引言，分享五分鐘，總計三人引言，共十五分鐘，而後引導參與學員分享與討論。

★使用工具：個人筆記本、對開白色海報紙、海報筆、便利貼等。

規劃完成後，秀美從她的部屬口中得知，大家極為企盼這個「快樂鳥」讀書會能夠趕快來臨！秀美此刻心中充滿無比喜悅，因為她發現自己在推動「讀書會」這件事情的時候動機強烈，活力洋溢。

沒有人催逼她成立讀書會，這全是發自「內在激勵」的動機：機會自主感、意義感、進步感、成就感。相較於胡蘿蔔與棍子的獎賞與懲罰激勵，這種「內在激勵」的動機反而能持久。秀美看著手中的這本書名「動機，單純的力量」，雖然「讀書會」下週才開始，但她已經深刻體會到「內在激勵」的動機力量了！

啟動「學習型組織」，重塑學習能力

　　根據勤業的 2019 人力資本趨勢報告顯示，在全球化 4.0 數據經濟時代，數據和科技方法更加普及和容易獲得，逾八成的回覆者都認為他們必須重塑學習能力。

　　彼得‧聖吉（Peter Senge）提出的學習型組織（learning organization）是指一種充滿學習氣氛、充分鼓勵和發揮成員創意的團隊學習環境。他曾經調查了四千家企業，發現一個有趣現象：很多的團隊，成員個人智商超

過一百二十分，但團隊智商卻不到七十分，這說明了缺乏團隊學習，經常是三個諸葛亮變成一個臭皮匠，這不啻說明團隊學習的重要性。

讀書會、培訓、企業知識庫等，都能生機且不斷創造新思維，凝聚合作精神與相互協同能力。讀書會可藉由「批判性思考」，對於觀點與標竿實務學習，激發生產力與創造力，進而強化策略與執行力。

以下是我為某企業規劃的讀書會，其目的在培養共讀文化：

卓越公司──讀書會計畫

◉讀書會緣由：

研究報告指出：數位網路時代，人們的專注力竟比金魚還要短，只有八秒鐘。淺碟型的知識充斥，導致人們遠離閱讀，失去閱讀中學習思辯、寫作與紮實學習的能力。

眼睛看到的是「視線」，眼光看到的是「遠見」；「讀書會」幫我們從視線變遠見。藉由趨勢、管理、領導、個人成長等多面向領域的閱讀，提升創新思維，獲得知性與感性，進而樂在工作，愛在生活。

◉讀書會效益：

透過閱讀習慣，培養思考與思辨，形塑組織正面文化。

透過團體互動學習，營造善行循環的知識管理。

運用社群學習動力，掌握自我成長契機，培養企業讀

書會引導人。

點燃熱情與思考的學習力，啟發真善美的深層價值。

◉歡迎對象：

1. 喜歡透過閱讀求知，以創新思維，解決職場實務的問題。

2. 透過反思、分享，尋找創意創新的經理人。

3. 企業內部的讀書會帶領者。

◉引導人：張宏裕老師

◉讀書會進行時間：

每月一次，（兩個半小時，中間休息十分鐘）。

建議每本選書以三至四次讀書會完成。

◉讀書會進行方式：

1. 首先由張宏裕老師，針對選書，進行摘要介紹，進而初步闡釋書中的觀點。

2. 引導學員分享不同觀點與具體實踐的方式。

3. 以提問方式，引導學員反思與演練。

4. 引導並培養企業／組織的讀書會帶領人。

◉讀書會選書：

《會說故事的巧實力——溫度與情感終將致勝》

《共好，從當責開始》

《求異——以亮點思維解決問題，改變工作遊戲規則》

共好便利貼

1. 眼睛看到的是「視線」，眼光看到的是「遠見」：「讀書會」幫我們從視線變遠見。
2. 透過團體互動學習，培養思辨能力，改變行為，打造堅實知識管理。
3. 運用社群學習動力，掌握自我成長契機，培養企業讀書會引導人。

Memo

_____

_____

_____

第五章

共好的年代——

分享、利他與合作

斑斑血淚的歷史教訓，是走向共好願景的動力，
山高路遙，前有共好的七座山頭（silo）要攀登：
家庭、教育、環保、媒體、政治、經濟、科技。
共好，在於「均衡思維」：

批評論斷 vs. 反躬自省

績效卓越 vs. 部屬滿意

經濟發展 vs. 環保防制

物質滿足 vs. 精神富足

功成名就 vs. 回饋奉獻

競爭拼搏 vs. 合作利他

看政經縱橫捭闔，
為「競合」思維準備

「兵者凶器也，不得已而用之。」—老子
「不戰而屈人之兵，善之善者也。」—孫子

2015 年 9 月 2 日早晨，一位三歲的敘利亞男孩，伏屍在土耳其海灘，他是飽受戰火摧殘的地中海小難民艾倫（Aylan Kurdi），隨著父母在穿越地中海往歐洲的途中，死亡的二千五百名難民之一。輿論形容這個景象是「人道主義被衝上了岸」：難民危機敲響人道主義警鐘。

飽經戰亂的敘利亞內戰，使得敘利亞成為一個「可自由濫炸的國家」（free to bomb country）。難道科技、產業、生活愈進步發達，卻也使得利益愈集中、弱肉更強食、衝突更激烈、戰爭更頻繁嗎？人類文明到底是進步還是後退呢？

艾倫去世二周年後，至少還有八千五百人，在試圖穿越地中海的過程中喪生或失蹤。一個天真無邪的三歲孩子，在月光柔和的晚上，應該躺臥在溫暖的床上，而不是伏屍在海灘上。這張照片，縱使喚起世人揪心落淚，卻也未能平息戰爭一再發生。

人類文明愈發展，戰爭卻愈頻仍？

以史為鏡，可以知興替。另一則新聞：美國在越戰時噴灑八千萬公升的有毒化學物質「橙劑」，其中含有致命戴奧辛，卻造成戰後多年許多越南新生兒出現嚴重缺陷、癌症和肢體不全。據估計約有三百萬人受到「橙劑」影響，其中

包括十五萬名畸形新生兒。日前美國展開「橙劑」清除十年計畫，耗資一‧八三億美元，將在越南「最大殘留熱點區」清除乾淨。人類戰爭造成的迫害如此深遠，早知如此，又何必當初？

包括美、法、英、德、加等全球多國領袖，於 2019 年 6 月 5 日齊聚英格蘭的朴茨茅斯，共同紀念盟軍登陸諾曼第七十五周年，並且發表聯合宣言，誓言不再讓戰爭重演。希望這是真心誠意的記取戰爭教訓。諾曼第的意義在於：第二次世界大戰期間，盟軍於 1944 年 6 月 5 日自朴茨茅斯出發，並在隔天從法國諾曼第登陸，對德軍展開大反攻——這也被視為結束二戰的關鍵戰役。

2019 年也是盧安達種族屠殺事件二十五週年，當年由胡圖族所領導的政府軍，在一百天之內殺害八十萬名圖西族人，幾乎造成種族滅絕。盧安達總統卡加米說：「這樣的歷史將不會重演，這是我們堅定的承諾，我們每一天都在學習寬恕，不過我們不會遺忘。」

無形的貿易、科技與文明壁壘戰爭

除了有形疆域戰爭，還有無形的貿易壁壘戰爭。2018－2019 年中美貿易戰，端源起於美國總統川普於 2018

年 3 月，以「中國偷竊美國智慧財產權與商業機密」為由，對從中國進口的商品徵收關稅。中國國家主席習近平，雖在 2019 年四月第二屆「一帶一路」高峰論壇，主張「我們要秉持共商、共建、共享原則，倡導多邊主義」，回應有心解決中美貿易戰。但川普隨後更將中國企業華為列入出口黑名單，並對華為供應鏈相關的 100 多家網通公司進行制裁，戰火愈燒愈烈。

中國也不甘示弱，隨後做出反制措施，也向美國進口商品徵稅。雙方你來我往，劍拔弩張，貿易戰爭時而升溫時而降溫，擾動全球經貿市場神經。延續至 2019 年八月，美國財政部宣布將中國列為匯率操縱國。中國政府立即宣布暫停購買美國農產品，並於 8 月 24 日宣布對約 750 億美元美國商品加徵 10% 或 5% 關稅、對美國汽車及其零部件恢復加徵關稅。雙方硬碰硬，美國也加高關稅稅率回敬，川普還要美國企業「離開中國」。

因應 2018 年突襲而來的中美貿易衝突，雙方雖已進行數十回合談判，仍陷僵局難解。由此觀之，關稅戰自不會輕易罷休，科技戰亦將愈演愈烈。下一步，就是超越關稅、貿易、經濟、科技、軍事之上的文明對抗。

衝突的正面思維，為「競合」準備

中美貿易戰好比拳擊和太極拳對戰、圍棋和西洋棋較勁、孫子兵法與戰爭論對抗，到底孰優孰劣？我認為：影響力本質在於實力的展現。

貿易全球化是基於比較利益原則，所進行雙方各取所需的自由貿易。然而，因為雙方對於爭議原則：美國智慧財產和商業機密、強迫技術移轉競爭政策、開放金融服務業及匯率操縱問題，無法達成共識。如果要透過國家力量試圖去改變或創造比較利益時，就會產生以鄰為壑，衝突怨懟的惡果。美中互課關稅的衝突加劇，不僅兩敗俱傷，全球經濟也受波及。兩強相爭，其影響所及，全球經濟都已遭殃。這場美中貿易，已造成雙方數十億美元損失、破壞供應鏈，以及擾亂金融市場。

但如換一角度思考，此衝突升高的正面思維是：不打不相識，更瞭解彼此意圖，為爾後「競合」做準備。

企業擬定策略規劃，善用 PEST 趨勢分析

　　企業盱衡國際政經變化，擬定策略規劃，方能趨吉避凶。策略是「取捨」，藉以達成目標的方法手段。我在企業講授「策略規劃」，首先會引導學員回顧與前瞻，即可啟動策略思考三問：

　　★我們目前在哪裡？（趨勢分析藉以瞭解我們地位？）。

　　★我們要往何處去？（策略目標）（未來的一、三、五年）、（未來的六、十二、二十四個月）。

　　★我們要如何去？（策略規劃）。

其次提到：策略規劃對於企業的效益

★協助企業掌握經營環境，因應經營環境挑戰。

★培育主管具備部門發展、新市場、新產業開發能力。

★診斷企業或事業強處、弱點、機會、與威脅。

★展開並連結部門目標與企業目標。

★有效推衍克敵致勝的策略構想、化為具體執行方案。

接著再用產業結構掃描，縱覽宏觀與微觀環境：

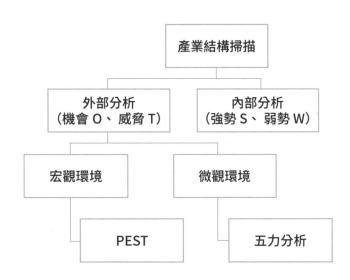

其中，PEST 趨勢分析是影響企業經營的四股力量：

★政治（Political）：政治穩定性、勞動法規、環境保護法、關稅限制與優惠、稅法與稅務優惠、貿易限制。

★經濟（Economic）：經濟成長率、利率、匯率、通

貨膨脹及所得分佈、工資政策、失業率、能源充沛狀況與成本。

★社會（Social）：人口成長率、年齡分佈、健康意識、職業態度、生活方式的改變、家庭形成速度。

★科技（Technological）：科技獎勵措施、研發活動與專利保護、自動化與生產力、科技發展的速度。

例如，當美國對華為實施的禁令，華為或許早就運用PEST沙盤推演已久，創辦人任正非表示，估計智慧手機海外銷量可能因美國禁令銳減四至六成。將使華為今、明兩年營收減少約三百億美元（約新台幣九千五百三十四億元）。任正非說：「我們沒有想到美國打擊華為的戰略決心如此之大、如此堅定不移，同時我們也沒有想到美國在打擊華為的面如此之廣泛，不僅使打擊零組件不能供應我們，我們不能參加很多國際組織。」

企業可依循政治、經濟、社會、科技等面向，檢視面臨的問題，例如：政治（策）移轉、產業成長速度、技術變革、競爭對手的挑釁、反商團體或法令、勞工罷工、人口紅利趨勢、信譽不佳的供應商、漸漸萎縮的客戶群、落伍的產品、懷有敵意的特殊利益團體等，這些因素都應在策略規劃過程中列入考量。

共好便利貼 🩹

1. 正視兩強相爭的「修昔底德陷阱」[1]，邁向共存共榮。
2. 策略規劃協助企業掌握經營環境，因應經營環境挑戰。
3. 有效推衍克敵致勝的策略構想、化為具體的執行方案。

Memo

_____

_____

_____

1「修昔底德陷阱」：公元前五世紀雅典和斯巴達兩國發生戰爭，當時雅典實力茁壯成長，威脅斯巴達的霸權，因而引起雅典和斯巴達的流血戰爭。而經過長達三十年的戰爭後，二者均走向滅亡，此戰役後人稱為「伯羅奔尼撒戰爭」。有鑑於此，古希臘歷史學家修昔底德（Thucydides）提出「修昔底德陷阱」：使得戰爭無可避免的原因是「雅典崛起，日益壯大的力量，讓斯巴達揮之不去的恐懼，終究使伯羅奔尼撒戰爭不可避免，足為世人警惕。

(26)

換位思考同理心，
弭平世界紛亂源

愛是恆久忍耐，又有恩慈，愛是不嫉妒。
愛是不自誇不張狂，不做害羞的事。
不求自己的益處，不輕易發怒，
不計算人家的惡，不喜歡不義只喜歡真理。
凡事包容，凡事相信，凡事盼望，凡事忍耐，
愛是永不止息。

——《聖經》歌林多前書十三 4-8

在青商會的一次演講中，台下聽眾詢問到如何解讀「同理心」？我便先說一個故事：

春秋戰國時代的楚莊王，有次打了勝仗，十分高興，便在宮中大宴賓客與群臣，並叫自己寵愛的妃子許姬，輪流替群臣斟酒助興。此時突然一陣大風吹來，將蠟燭吹滅，黑暗中有人扯住許姬的衣袖想要薄倖她。於是許姬順手拔下那人的帽纓，立刻挨近楚莊王身邊說：「大王，有人想趁黑暗調戲我，我已拔下了他的帽纓，請大王快吩咐點燈，看誰沒有帽纓就把他抓起來處置。」

楚莊王對她說：「今晚酒酣耳熱，我希望大家賓主盡歡，酒後難免失態！」於是楚莊王轉而告訴眾人，要大家扯下自己的帽纓，如此才能同飲盡歡。待大家都扯下自己的帽纓後，才命令重新點燃蠟燭。群臣在一片歡笑聲中痛快暢飲，果然是賓主盡歡。

三年後，一次晉楚交戰，楚莊王在戰場上看到一位將官出死入生、英勇過人，兵士也在他奮勇殺敵的感召下，士氣激昂，終獲大勝。回到宮中，楚莊王召他入庭，便問：「寡人平時並未特別恩待你，為何在戰場上你表現出異於常人的氣概？」

那位大臣說：「三年前的宮中晚宴，臣酒後失態，欲輕薄許姬，卻被許姬拔下帽纓，羞愧難當，本罪該萬死，但大王設身處地為臣著想，化解臣的窘境。因此，臣亟思在戰場

上能圖恩報答，萬死不辭啊！」

這是楚莊王「摘帽拔纓」故事，說完我問台下學員，你們聽到了什麼？

台下學員回答：楚莊王能夠「設身處地」為那位大臣著想，大臣才願意剖心掏肺的拼死回報，這就是同理心的表現。

穿別人的鞋子，走一英哩的路

「同理心」（Empathy）是指將心比心、設身處地了解他人想法與感受。英國諺語把同理心比喻為「穿別人的鞋子，走一英哩的路」，實在蠻貼切的，因為只有穿進他人鞋內，你才能體會他人的處境（他人走路的艱辛，是與他的鞋子大小、厚重、乃至當時的體能、心情等因素有關）。

「己所不欲，勿施於人」，同理心是人類本有的天賦能力，它的源頭在於愛、理解與關懷。愛是願意對於別人的處境試著理解，我們不會處處挑剔、抱怨、責怪、嘲笑、譏諷，取代的是諒解、扶持、鼓勵。今天社會霸凌、侮辱、憤怒、暴力、詐騙事件頻傳，世界紛擾、強凌弱眾暴寡，戰爭不斷，皆因缺乏同理心所致。因此「同理心」的背後其實蘊藏著人與人的和解共生，共存共榮與利人利己的人際溝通。

解決事情，先撫平心情

「同理心」實踐的三種心理模式：（1）非語言行為，（2）感覺和傾聽，（3）言語反應。

「非語言行為」是使用肢體語言，讓對方感受到體諒、耐心與溫暖。例如：父母輕輕抱住小孩表示關愛之情、主管輕拍成員肩膀表示鼓舞之意、學員給予講師微笑表達感謝等。

「感覺和傾聽」是願意進入他人的內心世界，了解他人的需要。例如：做主管的仔細聆聽部屬的績效報告、做父母的傾聽兒女的委屈傾吐等。它可以建立互信，使他人卸下心房接受你的建議。

「聽」的中文字義很有意思：耳朵為王，搭配十個眼睛和一個心（Ear is the king, with ten eyes and one heart）。英文的 Listening 才是「傾聽」，不只是聽覺而已，還要做到態度專心、注意說話者的內容、理解和記憶、給予回應和提問。因此同理心傾聽（Listening）不只是用耳朵的聽覺（Hearing），還要學會用心聽、用腦子聽。

其實每一個人都渴望被聽到、被瞭解，只是這世界上想說話的人，似乎永遠多於願意用心傾聽的人。當每個人都緊抓著「說」的權力，越來越少人願意傾聽他人，久而

久之，就只有發訊者，沒有收訊者。

至於「言語反應」是指運用鼓勵、支持和諒解，將自己的感受讓他人知道。例如：做主管的對於績效不彰的部屬，建議改善的方向、做父母的說明對兒女升學志向的疑問等。這種方式可以經由教導和諮詢的方式來影響別人的行為。

解決事情之前，先處理心情。同理心是專案經理必備的軟技能，透過「觀察、傾聽與詢問」，瞭解他人與顧客的「痛點」，進而提出解決方案。應用同理心的軟技能，對於專案經理人至少有下列三種效益：

★化解客訴，贏得信任。

★設計思考，瞭解需求。

★領導變革，強化溝通。

（1）化解客訴，贏得信任：「同理心」3F技巧

曾經有位學員說，他是服務於消費性產品的客服部門，常接到客戶不理性的指責或謾罵電話，該如何使用「同理心」的技巧呢？我將「同理心」技巧歸納成「3F原則」：

首先，感受對方的情緒（Feel）：例如接到客戶抱怨電話，你可以這樣引導：「王經理，此刻我可以切深感受到你現在的情緒。」（這是讓他覺得有人願意傾聽，並了解他）

再來，理解對方的想法（Felt）：接著你可以說：「王經理，如果換作是我，我也會有如此的反應。」（這是讓他感受到他的反應是可以被理解的，並讓他有台階可下）

最後，為對方找出解決方案（Find）：最後你還要說：「王經理，現在我們為您提出 A、B 兩個方案，供您參考選擇，一般的客戶在採用後都感到滿意。」（這是讓他感受他的問題是可以被解決的，縱使當下不滿意，但至少讓他感覺我們的誠意。）

（2）設計思考，瞭解顧客需求：同理心地圖

近年來設計思考與跨域創新非常流行。設計思考（Design Thinking）是一種創新活動的觀念，針對消費者（目標族群）的實際需求（痛點），而發展創新產品或服務的方法。透過下列四個步驟，完善循環：

Step1：同理觀察，找到痛點。

Step2：需求定義，釐清問題。

Step3：創意發想，提出對策。

Step4：製作原型，實際測試。

其中第一步：同理觀察，找到痛點，可以運用「同理心地圖」（Empathy Map）[1]。其中包含六大區塊，分別描述目標族群的各種感受：

同理心地圖

★整體想法和感覺（Think & Feel）

★聽到了甚麼（Hear）

★看到了甚麼（See）

★說了甚麼 做了甚麼（Say & Do）

★遇到痛苦（Pain）

★獲得好處利益（Gain）

　　台灣華碩董事長施崇棠，對於 CEO 別有新意的解讀
——除 CEO（Chief Executive Officer），還包括體驗長
（Chief Experience Officer）及工程長（Chief Engineering
Officer）兩角色，因為唯有從設計思維的「同理心」出發，
才能讓華碩產品找回魂與本。

（3）同理心，成功領導組織變革，強化溝通

雜誌曾報導：微軟（Microsoft）的執行長薩蒂亞·納德拉（Satya Nadella）是當代最溫柔 CEO！原來他用「同理心」讓微軟市值四年成長百分之二百五十，市值從九兆新台幣翻升到二十五兆新台幣。

納德拉提到因為兒子重度腦性麻痺，必須依賴輪椅、依賴家人。剛開始他怨天尤人，覺得上天對他不公平，直到妻子對他說：真正感到痛苦的受害者是兒子！他才理解「同理心」是站在別人的角度思考、了解他人的痛苦。

2014 年 2 月，他接任執行長時，發覺微軟員工會彼此對立批評，因為部屬自己害怕一旦提出「異想天開」的創新點子，會引人非議，索性消極被動不發表意見，甚或先乾脆講一句：「這是什麼白痴問題！」，既能貶低別人又能保護自己。

他認為如果瀰漫這樣的風氣文化，無法促進團隊合作。因此重組團隊，讓原本不會接觸到客戶的員工，也能親耳聽見客戶需求，跨部門合作，提出解決問題的點子。納德拉還在辦公室大門貼上大大的「聽」這個字，提醒自己要傾聽意見。

因為合作才能創造共好，扭轉彼此對立的文化，擴大客戶群。

納德拉歸納管理三心法：

★團隊成功，遠比個人成績重要。

★放心授權，也要適時提點部屬。

★尊重對手，但不要怕他們。

上面的案例說明：組織面臨變革，需要透過對話，同理心強化溝通。回顧 2019 年 2 月 14 日，台灣歷經華航七天的罷工事件，不久後 6 月 20 日長榮也發動突襲罷工。罷工事件衝擊除了影響旅客，公司企業形象與政府處理威信都會受到考驗。政府除了積極聆聽雙方心聲，也應在制度面著手，如修法增加合理罷工預告期，才能降低社會成本，朝向「三贏」發展。

深願同理心的「愛、理解與關懷」，能化小愛為大愛，傳遞溫暖與和平。

共好便利貼 🩹

1. 同理心：將心比心，「己所不欲，勿施於人」。
2. 同理心背後是「愛、憐憫與饒恕」，化小愛為大愛，傳遞溫暖與和平。
3. 「觀察、傾聽與詢問」，瞭解他人「痛點」，進而提出解決方案。

Memo

---

1. 同理心地圖（Empathy Map）是一個幫助思考的框架工具，這項工具可以在設計發想初期，幫助設計師對使用者同理的思考與分析。要先確定使用者的情境脈絡，亦即在這個情境底下的目的或任務。

27

敲開幸福這扇門，
打開快樂那扇窗

生命的本身是神聖的，
我們的責任就是珍惜生命。

──阿爾伯特・史懷哲 Albert Schweitzer ｜德國神學家

多年前一個夜晚，驚聞好友維特驟逝，在我平靜心湖投下一顆震撼彈：四十歲出頭，正值英年的維特，因為婚姻生活不和諧，加上工作與經濟壓力接連而來，自我期許高，人前不願與朋友傾吐心事，依舊笑容迎人，最後導致憂鬱，選擇自殺結束生命。

　　參加完告別式，我百感交集，回憶當年共事，他熱情積極、樂觀助人、任勞任怨、勇於當責，在主管與同事心中留下極佳印象。而今，再也聽不到他爽朗的笑聲，看不到他熱心助人的背影，只留下愛妻與一位還在耍玩維尼熊的幼齡稚子。

　　我心疼維特，人生短短幾個秋，愁情煩事別放心頭啊！難道你也陷入歌德《少年維特之煩惱》書中主人翁的窘境，輕易選擇自殺一途，走向人生結局嗎？

　　住在同一社區同棟的鄰居小雯，幾次在電梯間親切的問候攀談，才知她是知名樂團的雙簧管首席。不多久卻驚聞她生病的消息，我急忙將基督的福音傳給她。2008年五月初，接到她從醫院病床上的來電，喜悅地說她已經受浸歸主名了，我感到欣慰並約好要去醫院看她。但沒幾天她就離開人世，享年三十九歲。這個經歷給我很大震撼：一生很短，短的來不及與好友告別。

　　兩位朋友的離世，讓我意識到生命的淬煉是要養成堅毅信念，去面對老去與死亡過程的恐懼與哀愁。此外，人

與人間的緣分，也許來不及珍藏就稍縱即逝。事後我得知小雯在《我的海洋》專輯錄製中，擔任雙簧管伴奏，這也是台灣第一張本土海洋唱片。於是更多對於小雯的懷念，只能從唱片的浪濤聲追憶。

有一首俄羅斯的小詩《短》：

一天很短，短得來不及擁抱清晨，就已經手握黃昏！

一年很短，短得來不及細品初春殷紅竇綠，就要打點素裏秋霜！

一生很短，短的來不及享用美好年華，就已經身處遲暮！

賈伯斯臨終前也感嘆：死亡是生命中最美好的發明。人在死亡面前變得謙虛，人生許多事總是經過的太快，領悟的太晚。所以更要珍惜「情緣」：親情、友情、同事情，同學情，戰友情。因為一旦擦身而過，也許永不邂逅！

快樂很簡單？簡單即幸福！

人生何嘗不是「鋼索上的小丑人生」，小丑還耍玩手中五顆球：「信念、家庭、人際、健康、成就」。時刻戰兢地在鋼索上維持平衡感，深怕手中球會掉落，好像只有稱職完美演出，取悅觀眾，才能優雅謝幕。

　　小時候，快樂是一件很簡單的事。比如：拉著爸爸的大手央求買菠蘿麵包、吃著剛出爐巨響一聲的爆米花、玩著躲避球打中對方、收到隔壁小女孩的卡片、聽媽媽吹著小口琴；爸媽關愛，朋友喜愛，世界之門為我而開，只要「吃得下、拉得出、睡得著」，就是人生三好，笑口常開，天天開心。

　　年歲漸長再思考幸福快樂真諦，驚覺這是相對的感受。相對於悲慘痛苦的際遇，其間的反差如能逐步攀升超越，就會感到快樂幸福。幸福快樂要從痛苦中經歷，從反省中思考，從助人中體驗，從責任中承擔。

　　近日看到1111人力銀行公布「九O世代生存壓力調查」：

發現九〇世代（一九九〇以後出生）青年，五成九不滿意薪資待遇；三成二收支打平，一成入不敷出，存不了錢；生存壓力指數高達七點三分（滿分為十分），開銷前三名是生活費、學貸、外食費。多數人對未來焦慮不安，被迫成為「不買房、不結婚、不生育」的拋世代。

> 從久遠的年代裏──人類就追尋青鳥，
> 青鳥、你在哪裏？
> 青年人說：青鳥在邱比特的箭簇上。
> 中年人說：青鳥伴隨著「瑪門」。
> 老年人說：別忘了，青鳥是有著一對
> 會飛的翅膀啊⋯⋯
> ──蓉子《青鳥》

蓉子的《青鳥》，其中「瑪門」指《新約聖經》中「對累積財富的貪婪」。的確，我們各自有不同世代面臨的生存壓力，於是更多的「責任與義務」隨之而來，心思也不再像小孩般地單純。養兒育女，照顧長輩，養家活口，承上啟下。於是我們很快學習世故的成熟，浸淫在媒體、政客與社會的輿論風潮裡。每天忙得團團轉，像一顆停不下來的陀螺，想要心靈寧靜、耳根清淨都是奢求。即便遊山玩水、吃喝玩樂、朋友聚會、大肆採購，也是短暫歡愉後，

迎來更多空虛。

　　有一天，突然發現，偶爾待在自己的小屋，喝一杯清茶；或著走到附近公園看著樹上的松鼠自得其樂，彷彿找到了答案：只要保持簡單，即能遇見幸福！

　　幸福需要學習，快樂需要練習！哈佛大學最受歡迎的心靈導師塔爾·班夏哈分享：人的每天每一刻，都在做選擇。世界惡劣環境不變，但你能改變。他歸納幸福快樂的四個作法：保持簡單、找到意義、懂得感恩、幫助他人。

我突然發現答案很簡單，實踐卻很困難。這就是現實與理想的糾葛！

如果人的每時每刻，都在做選擇。那就意味著是信念（belief）影響我們的行為，信念是價值觀或信仰的根基，信念形成我們的思考（Think），思考主宰我們的感覺（Feeling），感覺驅動我們的行為（Action）。B-T-F-A不斷循環，成為我們的行事為人與安身立命的準則。

成長於貧困家族的諾曼・文生・皮爾（Norman Vincent Peale），在《向上思考的祕密：奇蹟製造者的困境突破術》（The Power of Positive Thinking）一書提到：

心靈運作——B-T-F-A

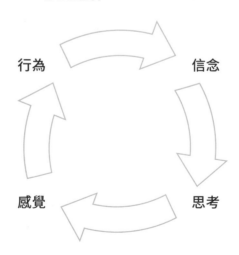

1. 你之所以會被打敗，是因為心裡認為會被打敗。只要在思維中引進心靈力量，就可以超越可能擊垮你的問題。

2. 信心能產生持續力，讓人擁有在情勢低迷時能繼續堅持的動力。學習從心裡拋棄這些障礙，拒絕在精神上向它們屈服。

你是什麼樣人，將決定你生活在什麼世界；你改變了，你的世界也跟著改變。即使處於最壞的情況，你的內在仍擁有最好的潛能，只要找到它，釋放它，跟它一起成長。你只需記住一個法則——信心創造奇蹟。

共好便利貼

1. 幸福快樂的秘訣：保持簡單、找到意義、懂得感恩、幫助他人。
2. 幸福需要學習，快樂需要練習。
3. 信心創造奇蹟：即使處於最壞情況，你的內在仍擁有最好的潛能。

Memo

_____

_____

_____

28

節能減碳做環保，
地球永續是共識

走，帶我走，走出空氣汙染的地球；
走，帶我走，走出紛爭喧擾的生活。
因為漫天黑煙，腐蝕掉我的夢；
因為征戰殺伐，我就快要沒有朋友。

——張雨生《帶我去月球》

多年前張雨生的一首歌：帶我去月球，寫出對於的空氣污染與環境保護的關切。2018 年，一位年僅十五歲的瑞典女孩葛莉塔（Greta Thunberg），小小年紀勇敢呼籲：搶救氣候以拯救孩子的未來！她在許多全球政客眼中是「麻煩製造者」，因為她在 2018 年的聯合國氣候變遷會議上，說到「氣候變遷是人類有史以來面臨的最大危機，如果無法減少溫室氣體排放，並阻止全球暖化，他們正在偷走孩子們的未來！」。

為了參加世界經濟論壇，她也曾坐了三十二個小時的火車去達沃斯，為的是呼籲全球菁英：我要你們感受到我每天的恐懼，然後採取行動。台灣青年團體也隨之響應，宣講葛莉塔倡議的故事，舉看板、標語，宣示了屬於這一代年輕人的主張。

「我們會是最後一個世代嗎？」

周星馳電影《美人魚》最後有句台詞：「如果世界上連一滴乾淨的水，一口乾淨的空氣都沒有，掙再多的錢又有什麼意義。」

乾淨的水和空氣，原是人類最基本的需求，現在已經變得奢求。因為人的貪婪慾望與自私自利，製造許多的垃

圾與污染，進入海洋、陸地、森林和天空。全世界海洋垃圾約為一・五億噸，每年約有八百萬噸的廢棄塑膠製品流入海洋，廢棄物在漂流過程中，不僅影響生態，也造成海洋生物覓食上的困難，因此海洋減塑已是全球的潮流。故當環境保護與經濟發展取捨時，就陷入決策的天人交戰。

不斷宣導環境保護的政策，就能激起百姓的自覺與良知。欣聞台灣在 7 月上路的一次性塑膠吸管禁令，環署評估至少可以每年減用一億支一次性塑膠吸管，真令人雀躍。上海市七月份也開始實施垃圾強制分類，第一天就開出六百二十三張責令整改通知書等。如果民眾節制，能讓自身一點點不方便，卻可能減少海龜、鯨豚等海洋生物吞食致死的風險，那不是很有意義嗎？

為什麼非要減碳不可？

2018 年我主持廣播節目「亮點一二三讀書會」，專訪聯經出版社黃昭勇總編審，介紹《為什麼非要減碳不可》一書，總編提到為什麼非要減碳不可？因為我們所有活動與生產都與節能減碳有關，每個呼吸都在排碳。不論是油電水紙、吃喝玩樂等、工農製造業等。我們也看了幾張氣候異常圖表與數據：

2015 年台灣人均排碳十點六八噸 CO2／人，高於全球四點五二噸 CO2／人、大陸 六點五九噸 CO2／人、日本八點九九噸 CO2／人。

2016／元月，霸王寒流：日月潭首次降雪六十人猝死。

2016／12 月，台北、嘉義、高雄、恆春高溫創紀錄，當年均溫史上第一熱。

台灣年排碳量 相當於每人一年砍了八十一棵樹。

全球經濟損失一兆元新台幣。

聖嬰現象愈來愈顯著：四千萬～五千萬人受影響。

我們也談到書中各國減碳大作戰的情形、台灣的交通困境、台灣的電力問題以及台灣企業群策群力的節能減碳，如：

★台達電在全球有十一棟經認證的綠建築，也在 2013 年節省一千二百萬度用電；此外高效節能減碳產品與解決方案，也協助客戶節省高達一百一十九億度電、減少六百四十萬噸二氧化碳排放，相當於減少二百萬輛汽車一年的碳排量。

★台泥、日月光的一千日革新，找回綠色標章等過程心得。

★台灣諸多民間的創意節電，都值得我們效法學習。

減碳＝省錢？共好實踐

　　地球發燒，也燒掉我們的錢，因為全球暖化已經實際影響到你我的生活和荷包了。我也從檢視自己生活方式開始，減少一次性餐具、塑膠袋、吸管使用，改變生活型態，最終回應到環境議題。雖說凡事起頭難，但開始減碳絕對不難，只要採取行動，生活中隨時可以節能減碳，例如：

　　★隨手關燈、關電源、帶手帕。

　　★多走路，少搭電梯，改走樓梯。

　　★出門自備環保筷、水壺、杯具和餐具。

　　★使用可回收手搖杯飲料，少用免洗碗筷、配合限用吸管的政策。

　　★不用電熱水瓶或開飲機，改用保溫瓶……

　　★正確分類垃圾，認清：資源回收和一般垃圾。

　　★垃圾減量，焚化爐喘口氣，天空也會微笑。

　　★成為世界公民：開闊國際視野與胸襟，關心全球事務的公民。

　　★傳遞地球村概念：愛護環境從自己做起，從中傳達環境保護觀念。

　　積少成多，積沙成塔。這些都是日常減碳的基本動作，只要願意開始，你會發現不僅可以幫助地球降溫，而且一

點都不困難，還可以幫自己省錢，何樂而不為呢？

最後總編在節目中歸納幾點結論：

★共同承擔，差異責任：讓地球平均升溫控制在工業革命前的攝氏一點五度。

★個人減碳、民間智慧節能、綠建築，不但環保，還能衍生綠商機，讓產業轉型。

★我們非減碳不可，因為這是一場人類共同面對的戰役。

★自主和自覺性，用愛守護一片天空。

★勿以善小而不為，勿以惡小而為之；捨我其誰，更待何時。

共好便利貼 🩹

1. 我們非減碳不可，因為這是一場人類共同面對的戰役。
2. 我想要生活在一個沒有糧食短缺、野火和颶風，人們可以生存的社會。
3. 勿以善小而不為，勿以惡小而為之。捨我其誰，更待何時。

Memo

_____

_____

_____

29

數位媒體新社群，
發揮良善影響力

你們是世界的光。建在山上的城是不能隱藏的；
人點亮了油燈，也不會放在斗底下，
而會放在燈臺上，它就照亮屋子裡所有的人。
同樣，你們的光也應當照耀在人前，
使他們看見你們的美好工作。

——《聖經·馬太福音》

有一瞎子走在黑暗的巷子，身旁攜帶了一盞明亮的燈。路人覺得好奇，問他說：你又看不見，為何要點燈？瞎子說我點燈是為了讓別人看見我，免得在黑暗中我成了他人的絆腳石。這個故事彷彿啟示：我們的言行舉止，是否也常會成為他人的絆腳石。現今的社會，不乏蓄意的攻訐、假新聞的造謠、不當的言行舉止、網路詐騙橫行（釣魚信件），都會成為他人的絆腳石。

自媒體時代來臨，人人輕易可發聲

《時代雜誌》（Time magazine）2006 年 12 月 25 日出刊的雜誌封面上，斗大的標題寫著：Yes, You, you control the information age, welcome to your world，此舉無異於是在強力宣示，自媒體的時代正式來臨，你可以輕易發聲。自媒體有五個特點：大眾化、低成本、獨特性、交互性強、影響力大。人人瞬間可以成為網紅，但百家爭鳴，還是眾聲喧譁？是拼湊真相，還是忠實陳述？按讚還是暗箭？

老子說：「五色令人目盲；五音令人耳聾；五味令人口爽。」，現今社會愛的是「重鹹味」，失格的媒體推波助瀾，要的是提升收視率，打開知名度，要紅就給她紅！失控的政治人物蠱惑渲染，與所謂名嘴的信口開河，使得

正義蕩然無存，從政治、教育、媒體，社會都瀰漫在一股「爾虞我詐」、「落井下石」的算計氛圍中。於是，大家都用自己心中那一把尺「各是其所是，各非其所非；各真其所真，各假其所假。」

Fake News 假新聞風暴：假作真時，真亦假？

　　日前科技合成的深度偽造（Deepfake）聲音，仿造前英國足球金童大衛貝克漢，在一支宣導對抗瘧疾的影片「Malaria No More」中流暢說出九種語言，令人嘆為觀止。一旦假訊息，假影像技術惡性蔓延，用來挑起紛爭、製造仇恨，則非科技進步之福。

　　美聯社報導，臉書面對諸多挑戰，從假新聞、仇恨言論、詐騙、煽動暴力等層出不窮，近期移除三十四億個假帳號。水可載舟，亦可覆舟。數位媒體與社群網絡，在「分享、利他、合作」提升進步之餘，也帶來隱憂。我觀察至少有下列幾個部分：

　　★ Fake News 假新聞風暴：假作真時，真亦假？

　　★網路交易、釣魚信件詐騙橫行。

　　★暗黑網站、散播種族仇恨、煽情或激進言論。

　　★霸凌事件，習以為常，解構人際關係。

★犯罪平台淵藪，無孔不入。

★耽溺於千奇百怪的內容所網羅，罹患資訊焦慮症。

網路詐騙橫行，破壞人與人之間的信賴

網路詐騙橫行：人心險惡，妄想不勞而獲，一夕致富。網路當道，詐騙隨之橫行，令人髮指。我在網路上遇到的釣魚詐騙信件（謊稱恭喜你中了大獎，但要先匯一筆錢過去等等）層出不窮。茲整理不同類型的手法：

型態一：（謊稱恭喜你中了大獎）

尊敬的先生／女士

您的 facebook 帳戶已被選中為九十萬美金的幸運贏家之一。

型態二：（謊稱希望你保管投資金額）

Dear Beloved Friend,

Sorry if this email came to you as a surprise, I am Dr.Dawuda Usman and we are looking for a company or individual from your region to help us receive investment fund and safekeeping. I will send you full details.

As soon As I hear from you.

Yours Faithfully,

型態三：（謊稱自己重病，要將自己大筆遺產，透過關懷轉送給你，博取人道同情）

Greetings My dear,

I am Mrs. Nadia Emaan, a widow suffering from long time illness. I have some funds I inherited from my late husband, the sum of (Twelve million dollars) my Doctor told me recently that I have serious sickness which is cancer problem. I bring peace and love to you.

慎思明辨和良知自律

《紅樓夢》賈寶玉夢遊太虛幻境，看見的那幅對聯：「假作真時真亦假；無為有處有還無。」把假的當作真的，真的就變成了假的；把不存在的當成存在的，存在的也成為不存在了。台灣 2013 年選出一個年度代表字：「假」。假新聞風暴從未停歇，甚至變本加厲。「假」是相對於「真」而言，「真」的反面就是「假」。

Gartner 發布的 2018 年趨勢預測，認為假新聞已是 2017 年主要的政治與媒體議題，預估 2022 年，多數人在成熟經濟環境所接觸的虛假資訊，將多於真實資訊。但何者是真？何者是假？假新聞一方面是子虛烏有，無中生有；

另一方面是彼此的觀點、見解、偏好不同，而衍生出索性認定對方就是說謊造假。各信其信，各非其非，羅生門難有定論。

社會已經瀰漫：「人們只相信想要相信的」、「事實是什麼已經不重要，人們相不相信才是重點。」、「不論有沒有證據，我們總傾向相信自己想要相信的東西，忽略不想相信的事物。」

2016 年美國大選第一次辯論時，出現八萬六千支 Twitter 機器人程式來放消息，百分之六的 Twitter 帳號散播百分之三十一不可靠的訊息。假新聞不只影響美國、歐洲多場重要選舉，也成了操控輿論、名聲的工具，甚至成了殺人的幫兇。ITHOME 網站撰稿人，王宏仁提到：假新聞產業化的威脅越來越嚴重，事實查核浪潮開始崛起。

　　「自律優於法律，防制優於法治」。樂見網路業攜手打假消息，訂「不實訊息防制業者自律實踐準則」。至今科技大廠、媒體產業和學界也開始聯手，推動事實查核機制，要聯手打擊假新聞。懂得慎思明辨和良知自律，才能創造美麗新世界。

世界愈喧囂，愈需要專注

　　世事紛亂、人心惶惶，許多罪惡的事情在蔓延；《聖經》彼得前書 5-8：「務要謹守、儆醒。你們的對頭魔鬼，如同吼叫的獅子，遍地遊行，尋找可吞喫的人」（我們若不肯謙卑，狂傲和憂慮會使我們成為撒但豐美的獵物，滿足那吼叫獅子的飢餓，被獅子所吞喫。）

　　因為不當仇恨、罪惡訊息的傳播分享，或者未經查證的假新聞，可能造成「曾參殺人、三人成虎」的以訛傳訛，

或無形間的霸凌加害者。因此，要如何的客觀描述及主觀的評價，重建信任已經衰落的人際關係，就是一種智慧。

共好便利貼 🩹

1. 網路詐騙橫行：人心險惡，妄想不勞而獲，一夕致富。
2. 客觀描述及主觀評價，重建信任已經衰落的人際關係，就是一種智慧。
3. 要懂得慎思明辨和良知自律，才能創造美麗新世界。

Memo

_____

_____

_____

30

資訊焦慮如浪潮，
抬頭天空更遼闊

如果你真的夠渴望做點什麼，
任何事情你都可以持續做三十天。

——麥特・卡茲｜Google 工程師、知名 TED 講者

某天我在社區中庭看見一對母子。母親帶著年約三歲的孩子在中庭玩耍，孩子天真無邪、張開雙臂在轉圈圈，還興高采烈地喊著：「媽媽，妳看我一下！看我一下嘛！」，媽媽都沒有看那孩子一眼，孩子又不停地喊好幾聲：「媽媽，妳看我一下！看我一下嘛！」，媽媽自始自終，都在低頭划手機。

巷口有家鵝肉店，也出現同樣場景。夫妻倆忙著做生意，三歲的小女兒從小就放在店裡，由爺爺奶奶順便照顧。哭鬧時媽媽就隨手丟給她一支手機，從此小女孩隨時緊盯著螢幕，連吃飯時間也不願放下，對人也沒有太多的表情，原本天真無邪的孩童情感也消逝了。

馬偕兒童醫院醫生指出「網路成癮與青少年自殺率有顯著關係」。部分網路成癮的兒童及青少年容易焦慮與憂鬱、過動症、強迫症、恐慌症，屬自殺高風險族群。

一個永不下線的世界，處處令人憂心

國內眼科醫學會發布調查也指出，國人每天使用手機時間為九‧四小時，也就是說扣除睡覺，人生一半清醒的時間都盯著電子螢幕。根據調查，國內高三學生高度近視者（近視度數逾五百度）達三成五，推估廿年後因黃斑

部病變、青光眼、白內障、視網膜剝離等面臨失明風險人口，可能約五十至五十五萬。

當我看到 Google 董事長施密特接受《天下》專訪時曾透露：「一個永不下線的世界，讓還沒上網的五十億人和事物都上網，已經上網的人，無論睡覺還是開車、坐船，隨時都連上網。」我心裡真是憂慮不已，相較於眼球被 3C 綁架現象，日前東海大學圖書館館長彭懷真分享的一段話，真令人感動：他參加十二歲孫子的小學畢業典禮，為孫子祈禱：提醒孫子「三C」不是生活重心，「三I」才是——期望孩子擁有智慧（intelligence），樂於與人互動（interaction），不斷透過更多介面（interface）擴大視野。求主耶穌使孫子少看手機，多看真實的人，多看看愛他為他付出的父母，爺爺奶奶外公外婆……效法教導他的老師和長輩，終身愛讀書、愛寫作、愛與人討論。

如果我們用 3C 當孩子的保母，只有手機能讓孩子安靜，換來的是幼兒「還沒念書，就先近視。」聯合報今日的標題聳動，卻真實的警醒：「3C 世代二十年後，五十萬人失明」。

專家建議的解決之道：

★參考世界各國，對於十五歲以下學生及幼兒自訂手機規範，或設下手機禁令，禁止帶手機到校等。

★戶外活動預防近視，定期視力檢查的護眼方案。

★訂定自律規範或控制使用時間。

★手機成癮必須找專家醫治成癮疾病。

★家庭成員彼此規範，拿回主控權，享受親子之間的良好溝通。

★徵收 3C 健康捐用於視力保健，相關廠商負擔部分社會責任。

★防止成癮，遊戲設計暫停功能。

感恩、知足、惜福，快樂自然來

2005 年的夏天，南韓一個二十餘歲的青年人，玩一個線上遊戲。他興致勃勃進入潮跌起的情節，如此幾乎連續坐了五十個小時，其間只有短暫的上廁所及趴下打盹。後來這個青年人便因為心臟衰竭，倒在地板上死了。

2016 年寶可夢（Pokémon GO）遊戲風靡全球，正在歐洲舉行巡迴演唱會的蕾哈娜歌手，向粉絲喊話，表達不想看到他們在看秀時抓寶可夢。波蘭的插畫家庫琴斯的新作「控制」，更發表一幅名為「控制」（control），畫中只見一名年輕人專心低頭使用手機，其脖子則被「皮卡丘」騎乘著，提醒玩家不要過度沉迷於寶可夢遊戲中。

我很感慨如果在家庭的餐桌上，愈來愈看不到親子間

的熱絡互動，寒暄嘻笑；而取代的是不斷的划手機、看著手上 3C 科技產品的精彩內容，這樣對於疏離的親子關係如何挽回呢？據說多年前數位相框的發明，就是源於歐洲老年人懷念家人與朋友相處時光的照片，照片裡面的親子相處，朋友情誼的互動才是最珍貴的。3C 科技產品只不過是輔助呈現，尋找回憶而已。

　　我曾刻意不帶手機出門，抬頭看周遭的人事物、大自然景觀，邊散步邊思考，享受孤寂。抬頭舉目望天，看山、看水、看自然萬物、看國際社會動態，頓悟間，自然懂得感恩、知足、惜福，快樂自然來。低頭思考固然可喜，有時抬頭的天空更遼闊！

共好便利貼 🩹

1. 抬頭的天空，更遼闊！看山、看水、看自然萬物、看愛你的親人朋友。
2. 擺脫資訊焦慮，抬頭的天空更遼闊。
3. 正視手機成癮，彼此規範，拿回主控權，享受人際情感溝通。

Memo

_____

_____

_____

31

啟動第三新人生，
世代溝通新學習

能不能心境成熟、再次成長，
並且能助人、傳承、貢獻自己，回歸內心深處：
更平靜、智慧、善良、勇於去愛。
這樣的人，才叫開創第三人生。

——愛德華・凱利 Edward Kelly｜愛爾蘭成人教育學家

媽媽年逾九十，失智已經五年，每當我把她「攬牢牢」，唱著《流浪到淡水》：有緣、無緣，大家來作伙，燒酒喝一杯，乎乾啦，乎乾啦！媽媽就被逗得笑不攏嘴。還有《一支小雨傘》：咱二人，做陣遮著一支小雨傘，雨越大，我來照顧你，你來照顧我！也是喚起媽媽笑開懷的通關密語。

當媽媽已經忘了我是誰，我才急著牽起媽媽的手，親吻媽媽的臉頰。但我即使向媽媽恣意撒嬌，也無法喚起母子情深的記憶！

活在當下，優雅老去

從出生開始，我們就往死亡的路上走去，老化是成長的過程，人生有如春夏秋冬四季，如何活在當下，如何優雅老去呢？

台灣即將在 2026 年邁入「超高齡社會」，亦即六十五歲人口佔比將達兩成，隨之而來面臨的是；老身、老本、老伴、老居、老友的問題。

老身：除了社會完善的健保、幫傭看護與長照制度　　　外，自己也要懂得不濫用醫療資源，平時正常　　　起居、健康飲食、適量運動等，身心靈健全，　　　才能照顧自己日漸功能退化的身體。

老本：除了退休給付的各項制度外，自己也要懂得量入
　　　為出，開源節流，及適當而不貪婪的理財規劃。

老伴：相互體諒，彼此激勵，在「愛與包容」，攜手
　　　共度人生的黃昏歲月。或面臨喪偶時期如何減
　　　少孤獨，增進幸福感。

老居：適宜出入、上下的居所，室內的輔具設備因應行
　　　動不便長者。此外家也是避風港、兒女探訪父
　　　母，溫馨問候，分享過往歲月時光的談心聚所。

老友：談的來好友不定期多聚會，彼此難免發發牢騷、
　　　吐吐苦水，要適時正向激勵，分憂解勞。或隔壁
　　　街坊鄰居彼此建立好的關係，發揮「遠親不如近
　　　鄰」的守望相助。或參加成長、學習、公益與娛
　　　樂社團，在學習中成長。

第三人生，再度燦爛

愛爾蘭成人教育學家愛德華・凱利（Edward Kelly）
推動「第三人生」Third Act：

第一人生的成長期，依賴父母、外界提供所需。

第二人生是成家立業期，開始獨立。

第三人生，有能力回饋社會和周遭環境。

人生如戲，幕起幕落，「Act」這個字也可指人生的「第三幕」，也有行動的意思，「行動，才會有改變」；不行動就不會有收穫。凱利的幾句話，著實打動我們的心：「能不能心境成熟、再次成長，並且能助人、傳承、貢獻自己，回歸內心深處：更平靜、智慧、善良、勇於去愛。這樣的人，才叫開創第三人生」。

因此第三人生是年齡階段的長者，但心理狀態卻是相互獨（inter-independent）、互助共生。許多作家、藝術家、科學家、學者在六十～八十歲達到創意顛峰。現在歐美已經有組織，專門為這多出來的「第三人生」開課，教中年人如何為自己打算，或退休年齡延長、或讓幼兒與老人互動相處，世代溝通新學習，正視善終與死亡，全世界都該學習。值此全球掀第三人生運動，自己的老年自己救。讓我們發揮更多想像、完善規畫、及早準備，開創燦爛的「第三人生」。

在我主持的廣播節目「亮點一二三讀書會」，曾訪問國內失智症權威，榮總醫師劉秀枝，介紹她的著作《把時間留給自己》。劉醫師直白的講述她二姊被診斷罹患阿茲海默症，七年之間從輕度到重度失智，漸漸忘記過去，忘了自己，令人感傷，但是劉醫師卻說「落入時光隧道的二姊，教我當下的自在。」

劉秀枝醫師分享她從小就學會獨處，一個人看電影，

一個人看書自得其樂，她2007年五十九歲退休離開第一線的看診生涯，但是她退休前早已預做安排規畫，她不留戀醫師權威光環，交接業務並學習中文打字和手機功能使用，堅持每天六點起床，晚上十一點上床睡覺的規律生活，她聲稱每天要看醫學期刊，要看閒書，一個星期一定有一天要健行，一天練唱KTV，一天參與榮總神經內科的病歷研討會，以及安排打高爾夫球，另外不定時的有同學朋友約見面吃飯和旅行，生活忙碌充實。

她說「把時間留給自己」是個日常提醒，也是個生活實踐。她更在著作《把時間留給自己》一書中倡議年紀增長的老，並不等於衰老，她建議接受身心變化，安排規律的生活學習和運動。

一起變老、變好，是一種智慧

2012台灣紀錄片《不老騎士的歐兜邁環台日記》，紀錄平均八十一歲的長者，心懷十八歲的騎士夢。隊伍花費為期十三天的時間，終於完成了這個在眾人眼中「不可能完成的夢想」。

這不僅僅是一個普通的環島旅程，也是一個圓夢之旅。有一位不老騎士何清桐哽咽說出帶著亡妻照片說：「我

最後載你環島一次，還我這輩子欠你的承諾」。團長賴清炎說：「有一天，當你八十歲，還有多少做夢的勇氣？」、「追求夢想時，你會忘記自己幾歲。」、「十幾歲的月亮，和八十幾歲的月亮，都是一樣。如果人生可以像月亮這樣圓滿，該有多好。」。

日本的長青女作家曾野綾子，在《熟年的才情》一書中提出「老年後不依賴他人，要靠自己才情，活得有趣！」她所提出來的「挑戰」有六項，分別是：要信仰、要獨立、要工作、要通達、要獨處、要面對。

馬斯洛（Abraham Maslow，1954 年）「需求層級理論」中，老年長者也許是去追求滿足「自我實現需求」（最高層次需求）的最佳時機。值得我們積極去鼓勵、支持、陪伴身邊的長輩，成為「老當益壯」、「老而彌堅」的長者。

青銀共居，互助共生

台灣 2019 年五月國中會考，寫作也以「青銀共居」為案例，闡述年輕人與銀髮族互動相處模式的感受或想法，讓青少年提早思考社會關注的高齡議題。《遠見》雜誌報導「青銀共居」模式在國外如荷蘭、德國、日本行之有年，荷蘭青銀共居希望讓老人快樂生活，不再感覺孤寂；德國

的青銀共居，則強調經驗傳承。

　　近來新北市與台北市接連引進國內，希望跨世代經驗交流，能營造共好的生活。尤其在大學城附近的青銀共居，學生以比較低廉房租承租，用以交換自己規劃每月二十小時的公共服務方案。例如陪伴老人聊天、散步、下棋、運動、學習 3C、攝影、彈烏克麗麗、二胡等。還有一位李奶奶，她很喜歡團隊一個月舉辦的兩次活動，包括去三峽老街小旅行、玩積木，能讓她多動腦，預防失智。「室友就是家人」的跨世代居住，設共食、共作、共玩空間，或許能夠為寂寞高齡城市，增添幾許的溫暖。

共好便利貼 🩹

1. 正視「超高齡社會」來臨的五種挑戰；老身、老本、老伴、老居、老友。
2. 一起變老、變好，以伙伴關係來創造更多信任，提升社會正能量。
3. 第三人生，再度燦爛；青銀共居，相互扶持。

Memo

_____

_____

_____

32

「讀書會」——

獨樂樂，不若與眾樂樂

一個國家的未來，
取決於這個國家的孩子年幼時所讀的書，
這些書會內化成他對國家民族的認同、
生命的意義、人生的目的和未來的希望。

——詹姆士·密契納 James Michener ｜普立茲獎得主

日前步入某間書店，門口 Kuso 對聯：「人進不來，書出不去。門真的沒壞」。聯合報系「願景工程」進行 2018 年台灣民眾閱讀行為調查」，去年有逾四成民眾一本書也沒看過，六成五的人整年沒買過書。或許是數位網路的行動閱讀習慣使然，怕的是根本沒有養成閱讀習慣。

除了不讀書，也不願意花錢買書。台北重慶南路曾有「書店一條街」美譽，但近年書店陸續關門，今天報上刊載，經營已逾四十五年的台北老字號「建宏書局」也將吹熄燈號。在人手一機的「滑世代」，要如何翻轉「只讀臉書，不讀書」的現象？

那年深秋，在台東都蘭民宿小住一晚。隔天為了觀賞清晨日出，特意起個大早。朝陽緩緩從遠方海面優雅浮出，閃耀的光芒逐漸率性恣意、灑脫奔放地四散。此時，我的腦海中浮現一句話：「日出的亮光，彷彿啟發思維的亮點！」。喜歡閱讀的我，心生一念：何不成立讀書會，與愛書人共同啟迪思維呢？

我們天天沈浸臉書，卻不願意花時間品嚐書的溫度與深度，一旦淺碟型知識充斥，導致閱讀習慣荒廢，思考、寫作與溝通表達能力低落，豈不可悲？學者說：「閱讀使人豐富，討論使人成熟，寫作使人精確」，深度的閱讀、觀點的表達溝通、思考寫作這三件事，是強化個人職場競爭力的要素。

於是 2018 年我企劃廣播節目「亮點一二三讀書會」，並且擔任共同主持人與製作。我們選讀書單依循可讀性與實用性的原則，領域包含：管理、繪本、藝術、攝影、文學、自然、世界趨勢等，力求理性與感性兼容並蓄。邀訪來賓皆為俊秀賢達，學富五車。例如，A 君熟悉人力資源管理，帶領我們閱讀好書《未來在等待的人才》，作者在書中強調未來具有高感性（High Concept）與高關懷（High Touch）能力特質的人，將能擁有更多開創性。因為他們具有創造力、具同理心、能觀察趨勢，為事物賦予意義。

　　B 君偏愛繪本，選讀的一本書《我家的冰箱在海邊》。這本書談的是馬祖的傳統漁業。從前馬祖人依海養活一家人，當滿簍豐收是喜悅，也是一家大小的希望。聲聲漁歌，是傳承，也是辛勤汗水的印記。此書圖文並茂、寓意深遠且適合親子共讀。

　　C 君藝術文學涵養豐厚，開啟我們發現美的眼睛。分享散文集《忘了我是誰》，作者書寫陪伴失智父親五年的點滴感人故事，包括：如何絞盡心思讓爸爸回憶過去；如何陪父親玩遊戲，讓父親開心；如何「順」著父親，不糾正、不爭辯，這一切做法只因爸爸忘了我是誰。書中一句話：「天下沒有不老的人，只有不老的回憶」，深深打動我們的心。

　　D 君使命感重，因此特別選讀關於科技、環保、空污

等世界趨勢議題的書，期望用制高點思維看事情，並反思每項議題帶來的利與弊。與大家分享《為什麼非要減碳不可──給台灣的退燒藥》這本好書，至此我們方才瞭解，2015 年台灣人均排碳高於全球的平均值，相當於每人一年砍了八十棵樹。共讀夥伴也分享一張令人嘆息的照片──暖化迫使北極熊離家二百四十公里找食物，卻因此餓死如皮包骨。若人類再不亟思減碳的方法，終將走向悲慘的命運。

在讀書會中，我們共讀分享觀點，並看見自己盲點，這是一種步出校園後的快樂學習。唐山書店創辦人陳隆昊也說，美國是以總統層級推廣閱讀，以柯林頓為例，他提出「美國閱讀挑戰」運動，成立「美國閱讀挑戰辦公室」，主張「多看點書，關掉電視」，請父母每天花半小時帶孩子一起讀書；並由「國家服務基金會」負責招募志工進行閱讀家教，要求各州配合舉辦閱讀活動。

相信讀書會的心靈悸動，能開啟人生制高點的遠見。

這兩年我們閱讀分享的書籍

東協工作筆記	鷹飛基隆	跳進嘴裡的豐盛義大利	為什麼非減碳不可
為自己出征	民國茶範	王大閎建築藝術	新商業模式
聽見海底的形狀	Z 世代效應	聖經教你的 18 個接班秘訣	人單合一
戲說六大茶類	《情感學習》	不讓情緒左右人生的用腦術	演化、宇宙、人
會說故事的巧實力	上台的魔法	讀畫解謎世界史	新韓國人
用電影說印度	境會元勻	BCG 頂尖人才培育術	全唐詩植物學
日本一城一食	第八個習慣	生命中非去不可的國度	把時間留給自己
咖啡館創業核	忘了我是誰	台灣沒說你不知道 70 則冷知識	這裡沒有神
變革管理的大橋	唐棉	為什麼他賣的比我好	捷克經典
動機，單純的力量	做鐵工的人	建立當責文化	TED 脫稿演講術
翻轉人生的實踐力	先問為什麼	未來在等待的人才	隱形冠軍
斯洛伐克經典	策略選擇	你的心情古典音樂大師懂	王陽明心學
勇氣心理學	秘境小屋	我家的冰箱在海邊	冰島

　　廣泛的閱讀領域包含：讀趨勢、讀心靈、讀企管、讀繪本、讀電影、讀音樂、讀繪畫、讀攝影、讀文學、讀自然、讀社會等。藉由觀看、朗讀、反思過程中，成為高感性、高關懷的人。

1. 閱讀趨勢——創新思維，迎向變革。

　　超 AI 時代來臨，物聯網、大數據、5G 行動通訊等科技將改變未來社會生活與世界面貌。人們該何去何從，培養創新思維與新技能，以因應未來世界的變局。

2. 閱讀心靈——做自己的生命設計師。

未來社會面臨高齡化、人口爆炸成長的壓力，造成憂鬱症精神壓力病患急遽增加。訪問各地讀書會的組織會友，並精選心靈力書籍，幫助家庭生活、職場工作者或經理人，了解壓力抒解、情緒管理、時間管理、自我反思等。

3. 閱讀企管——創造價值，產生績效。

精選企管與趨勢書籍，幫助職場工作者或經理人，了解管理新知、職場生存法則、人際溝通、簡報表達、行銷業務、品牌故事等。

4. 閱讀電影／文學／音樂／藝術——美的故事慢慢說，真摯情感慢慢流。

每部文學或戲劇皆是由一個個故事串成，透過分享經典文學作品或電影戲劇中的情節鋪陳、人物塑造，探討其藝術性與深刻的意涵。

5. 閱讀旅遊見聞——百聞不如一見。

世界已是一個地球村，國人海外旅遊頻繁。旅行中總有許多意想不到或印象深刻的經驗，而如此的經驗可能改變人生觀或價值觀。故此單元邀請自助旅行家分享獨特的旅遊見聞。

6. 閱讀地方特色人物故事——人生要活對故事，慢活才能樂活。

在台灣各角落，每天都有精彩的人物上演著精彩的故事，而他們的故事總能帶給平凡的我們不平凡的啟發。此單元邀請地方特色人物分享他們的人生故事。

共好便利貼 ✂

1. 書會內化成對國家民族認同、生命意義、人生目的和未來的希望。
2. 藉由觀看、朗讀、反思過程中，成為高感性、高關懷的人。
3. 在讀書會中，我們享受共讀與分享觀點，並看見自己盲點。

Memo

_____

_____

_____

33

智慧科技新治理，
王道文化新倫理

經營者要把外面世界帶到公司裡面來，
動員公司員工，迎接經營者帶進來的挑戰，
這是經營者最大的責任。

——張忠謀｜台積電創辦人

某報載：

2018 年 9 月 28 日晚上八點，張學友演唱會在河北省石家莊奧體中心舉辦。警方竟然成功抓獲三名犯罪份子，準確鎖定、捕捉到他們的是「天網工程」AI 人臉識別系統。

AI 威脅人類？是杞人憂天，還是過度樂觀？

2017 年 7 月，特斯拉（Tesla）創辦人馬斯克（Elon Musk）聲稱 AI 是對人類存在的最大威脅，並呼籲加強對 AI 的監管。而 Facebook 創始人祖克柏則不以為然，他說：「未來五至十年內，AI 將大幅提高我們的生活質量。」

到底是馬斯克杞人憂天，還是祖克柏過度樂觀呢？我認為科技新世界，來自人性；也會毀滅人性。君不見詐騙橫行竟然可透過 AI 協助，電腦病毒的網路攻擊，也早已不是人在寫程式，而是機器在寫。惡意駭客只要調整參數等數據，就能為所欲為。

AI 可載舟也可覆舟。可喜的是科技大廠道德自律，政府也注重科技倫理的教育推廣。天下雜誌報導：微軟成立人工智慧倫理道德委員會，確保自己做的是「負責任的研發」。公司內任何 AI 技術研究與開發，奉行六大原則：公平、可靠和安全、隱私與保障、包容、透明、負責。

「國際經濟合作與發展組織」（OECD）也在 2019 年 5 月制定了第一個「人工智慧治理準則」的國際性規範。準則有五大層面：

★人工智慧系統應有利人類與地球，普惠眾生及永續發展。

★其開發應符合法治、人權、民主與多元價值，確保社會公平與正義。

★此系統應具備透明度並適當揭露，讓使用者知悉其結果並予挑戰。

★系統在生命周期內應維繫安全、更新與管理。

★使用它的企業與人員應依此準則究責。

智慧科技解決城市問題，守法自律根除自私心態

隨著全球化來臨，各地偏鄉逐漸發展成為匯集人口，商業興盛，交通發展的城市樣貌。然而高度化城市來臨，隨之衍生交通、治安、衛生、空污、食安、教育等問題。人們原本對於「居住環境」的單純願望：希望有乾淨的水與空氣、衛生的環境、沒有噪音喧囂、安全的食物與醫療、良好的治安、沒有恐懼的居住等，也變得奢求。

但即使在最壞的年代，也有最好的創新作為，突破瓶

頸困境，迎向共好。例如，智慧城市訴求「以智慧科技解決城市問題」，提升市民的生活品質，更強調要重視人心守法，才能促進城市邁向永續發展。無形長遠的宏觀思維：王何必曰利？亦有仁義而已矣！

高中時也曾讀到一篇孟子與梁惠王的「義利之辯」，深有所感：

有一天，孟子去見梁惠王，惠王說：你不顧千里的遠路，到我這裡來，該有什麼好方法，能使我梁國得利罷？

孟子答道：王何必說利呢？我只有行仁講義的道理。假如君王、大夫、士和老百姓也都說：怎樣能使我本身得利？這樣上上下下交相取利，那這個國家就很危險了！如不講仁義，只把私利做前提，那麼只有巧取豪奪，否則是不會滿足的」。此即孟子對曰：「王何必曰利？亦有仁義而已矣！上下交征利，而國危矣！」

時至今日，一說起孟子「王何必曰利？亦有仁義而已矣！上下交征利，而國危矣！」這段話，心中依舊印象深刻。

當今各國領導對內要解決民生經濟議題，對外尋求外交政治舞台，無不亟欲頭角崢嶸。展現實力之際，或儼然以大國崛起之姿，或結盟忌憚圍堵之餘，更應以王道思維盱衡全局。

孟子說：「當今之時，萬乘之國行仁政，民之悅之，猶解倒懸也。」[1]

王道永續指標，邁向共好願景！

「中華文化永續發展基金會」董事長劉兆玄先生，發展出「王道永續指標」（Wang Dao Sustainability Index；簡稱 WDSI），相互輝映。劉兆玄先生提出以孟子的「王道」思想作為中華文化對應「永續發展」論述。從王道思想粹取了五個元素：仁政、反霸、民本、生生不息及同理心。墨子兼愛非攻，提倡和平。共存共榮的王道永續指標，趨吉避凶，可避免「修昔底德陷阱」的兩敗俱傷。「永續發展」的三大支柱——「全球倫理」、「環境均衡」、「文化發揚」

智融公司集團董事長施振榮，也早在 2012 年提出「求強不求大」的王道精神。他說王道非帝王之道，而是講求兩個重點：第一個是要為社會創造價值，第二個是利益相關者的平衡。例如台灣地狹人稠，資源有限，可以充分發揮整合的優勢，才能在「動態競爭」環境，建立核心競爭力。他提到王道的價值要從六個面向來看：有形、無形、現在、未來、直接、間接。

看看別人；想想自己，警惕危機並懂得感恩、知足與惜福。身在台灣，很珍惜得來不易的幸福。縱使政經、社會與文化的看法多元，意識形態衝突辯論未曾停歇，但只要大家群策群力，就能創造共好年代。

共好便利貼

1. 智慧科技解決城市問題，人心守法自律根除自私自利心態。
2. 王道的價值六個面向：有形、無形、現在、未來、直接、間接。
3. 王道思想元素：仁政、反霸、民本、生生不息及同理心。

Memo

_____

_____

_____

---

1. 本段話出自《孟子‧公孫丑上》，倒懸意指人被倒掛，比喻處境困難。「猶解倒懸」可比喻為把人從危難中解救出來。整句話的意思是指當今這個時候，擁有萬輛兵車的大國施行仁政，百姓對此感到喜悅，就像在倒懸著時被解救下來一樣。

活出最好的年代！

寫作是心靈的沈澱與反思，創作過程中或苦悶或靈光乍現的雀躍，都是記錄心情點滴的方法。但即便點滴漣漪，也要奔入歷史洪流。

　　人生短短幾個秋，這本書從醞釀、沈思、寫作、修改、完稿，也歷經好幾個秋天。寫作過程就是說故事：故事慢慢說，情感慢慢流，人生慢慢活。故事說完了，那麼要過怎樣的人生？活出怎樣的歲月？走出怎樣的故事呢？這是我常思考的問題。

　　世事紛亂、人心惶惶，也要活出最好的時代。雖然議題面臨更對立衝突：經濟發展與環保生態、公民自覺與民主法治、爭奪資源與互利共生、開放分享與隱私保護、貧富差距與資本主義等，卻也開啟改變的契機。

　　2019 年，時值五四運動一百週年，當年西方思潮倡導的民主「德先生」（Democracy）與科學「賽先生」（Science），激盪出改變傳統思維的寶貴精神遺產。魯迅曾吶喊「心事浩茫連廣宇，於無聲處聽驚雷」。古人「立德、立功、立言」，流傳千秋萬世，而我也期待透過文字，為時代發聲。

　　每本書都是我走過的路，書的後記，總是甜美。寫作過程的每一章節，都會帶我回到記憶中的某個時空場景，原來那些經歷都落在「當責與共好」的範疇中。

幾許欣慰，階段完成第 10 本著作。

一份等待，期許獲得認可與珍賞。

許多感謝，生命中浮現的貴人。

感謝本次出版梁芳春總監、林憶純主編的熱情協助，惠我良多。感謝我的父母、岳父母、妻子 Ruby、兄弟，讓我無後顧之憂，投入講師培訓生涯。

感謝曾受邀講授「當責與共好」相關議題的企業與政府單位：慈濟大林醫院、壢新醫院、美商鄧白氏、台灣太陽油墨、台灣福吉米、易發精機、關東鑫林、華東科技、Htc 宏達電、京元電子、遠龍不鏽鋼、圓益石英、聯合信用卡、琳得科先進、永康就業中心、中華工商研究院 、資策會、職工福利、HP、安捷倫、新至陞、永工企業、南寶樹脂、立碁電子、亞智科技、六軍團、吉星茶樓、旺旺友聯、優貝克、凱衛資訊、竹科矽格人力聚會、華固建設、乖乖企業、英國在臺協會、敦陽科技、偉剛科技、聯策科技、國賓飯店、憶聲電子、獅子會、扶輪社、一○四、衛福部、交通部高工局、經濟部、法務部、林務局、桃園環保局、大園環保局、高雄市政府公務人力發展中心、家扶中心、彰化銀行、金管會──證期局、聯合大學、台北科大、靜宜大學、高雄海洋科技大學、退輔會、交通部航港局、漢聲廣播、復興廣播電台等。

共好，從當責開始

感謝業界朋友：賴寧生院長、申斯靜主任、陳靜宜專員、孫麗婷課長、葉麗卿科長、彭志偉主任、蘇郁佳主任、鍾士宏組長、王艾瑄女士、賴盈卉副總、邱鐘正、許月芳專員、徐賢斌老師、邱若梅小姐、王立心執行長、黃豔頡主任、吳如珊董事、杜旋如小姐、何喬編輯、丁建中董事長、張金德先生、吳桂龍總經理、林根弘先生、葉瑀珊經理、鄭蕙妏小姐、李世郁小姐、柯典佑先生、陳佩筠專員、陳致宣小姐、洪英雪專員、陳庭芳規劃師、吳怡慧經理、鍾諭賜主任、葉倩如經理、焦建堯總監、武立文少將、盧守謙副主任、張淑萍總編、黃健琪編輯、焦建堯總監、葉春坪主任等。

每天叫醒我的是：夢想！願這信念讓我們：採取行動、創造改變。

當責，創造共好績效
──樂在工作，創造價值──

● 課程緣由：

　　當責是：做什麼，像什麼，做到專業，創造價值。主動積極、多做、多看、多聽、多問，是當責基本態度。當責從反躬自省、反求諸己、停止抱怨做起。當責要透過智慧決策，勇於承擔，才能交出成果。

　　共好是：心往一處想，力往一處使。共好必須「情、理、法」均衡，建立共存共榮思維，並兼顧利益關係人權益。組織形塑當責與共好的價值觀，產生的執行力才能有紀律貫徹戰略意圖。

● 課程效益：

1. 執行任務並交出成果，創造關鍵績效。
2. 以當責態度勇於任事，避免陷入受害者循環。
3. 角色認知與心態轉換，消除三不管地帶，協助團隊目標達成。
4. 激發工作動機，喚起內在激勵：個人當責、團隊當責、企業當責。

課程時間：6 ～ 12 小時

課程主題	課　程　內　容
一、 個人當責 創造價值	● 當責的意義——主動執行任務，並交出成果 ● 落實有心、賦能、授權，再談當責 ● 為什麼要談當責？ 　1. 避免重蹈覆轍：如違法亂紀等 　2. 行有不得，反求諸己 　3. 自我內在的激勵 　4. 主管制高點的思維 ● 做有價值的工作 ● Workshop：找出關鍵職責 ● 當責與負責的六個比照
二、 團隊當責 達成目標	● 掌控達成目標的過程 ● ARCI——釐清團隊分工角色與責任 　A：當責者、R：負責者、C：諮詢者、I：支援者 ● ARCI 運作的形式準則 ● 化解衝突的高效會議：六頂思考帽子的思維 ● 六頂思考帽子的關鍵應用 ● Workshop：高效會議的模擬演練
三、 組織當責 共好文化	● 熱情的相互鼓舞 ● 避免陷入受害者循環 ● 當責取代受害者循環 ● 以當責發揮影響力，打破部門藩籬 ● QQT ／ R 協商，目標明確化 ● Workshop：當責正面行為指標

觀成長 27
共好，從當責開始

作　　者 ─ 張宏裕
視覺設計 ─ 張　巖
主　　編 ─ 林憶純
行銷企劃 ─ 許文薰

第五編輯部總監 ─ 梁芳春
董事長 ─ 趙政岷
出 版 者 ─ 時報文化出版企業股份有限公司
　　　　　　108019 台北市和平西路三段 240 號 7 樓
　　　　　　發行專線 ─（02）2306-6842
　　　　　　讀者服務專線 ─ 0800-231-705、（02）2304-7103
　　　　　　讀者服務傳真 ─（02）2304-6858
　　　　　　郵撥 ─ 19344724 時報文化出版公司
　　　　　　信箱 ─ 10899 臺北華江橋郵局第 99 信箱
時報悅讀網 ─ www.readingtimes.com.tw
電子郵箱 ─ yoho@readingtimes.com.tw
法律顧問 ─ 理律法律事務所 陳長文律師、李念祖律師
印　　刷 ─ 勁達印刷有限公司
初版一刷 ─ 2019 年 10 月 9 日
初版二刷 ─ 2023 年 5 月 8 日
定　　價 ─ 新台幣 380 元
（缺頁或破損的書，請寄回更換）

共好，從當責開始 / 張宏裕作 . -- 初版 . -- 臺北市：時報文化，2019.10
274 面；14.8*21 公分
ISBN 978-957-13-7894-7（平裝）
1. 職場成功法 2. 自我實現
494.35　　　　　　　　　　　　　　　　　　　108011657

ISBN 978-957-13-7894-7
Printed in Taiwan